苹果生产技术

主　编　杜善保　高　焰　史继东

副主编　李春霞　刘来喜　李宏飞　姚延琴

主　审　马锋旺

北京理工大学出版社
BEIJING INSTITUTE OF TECHNOLOGY PRESS

内 容 提 要

本书以工作手册式形态为特征，将苹果生产的主要技术技能按照一年四季分为 4 个模块 12 个月进行项目任务化，理论知识以"必需够用"为度，注重技术技能和职业素质养成，力求反映新知识、新技术、新标准，实现内容与职业标准的对接、学习过程与生产过程的对接，以服务苹果产业转型、技术升级。

本书适合高职院校园艺技术专业及相关专业学生使用，也可供苹果生产行业企业人员培训和相关技术人员参考使用。

图书在版编目（CIP）数据

苹果生产技术 / 杜善保，高焰，史继东主编. -- 北京：北京理工大学出版社，2024.3

ISBN 978-7-5763-2847-9

Ⅰ.①苹… Ⅱ.①杜… ②高… ③史… Ⅲ.①苹果－果树园艺－高等学校－教材 Ⅳ.①S661.1

中国国家版本馆CIP数据核字（2023）第167319号

责任编辑： 阎少华	**文案编辑：** 阎少华
责任校对： 周瑞红	**责任印制：** 王美丽

出版发行 / 北京理工大学出版社有限责任公司

社　　址 / 北京市丰台区四合庄路6号

邮　　编 / 100070

电　　话 / （010）68914026（教材售后服务热线）

　　　　　（010）68944437（课件资源服务热线）

网　　址 / http://www.bitpress.com.cn

版 印 次 / 2024年3月第1版第1次印刷

印　　刷 / 河北鑫彩博图印刷有限公司

开　　本 / 787 mm×1092 mm　1/16

印　　张 / 14.5

字　　数 / 320千字

定　　价 / 79.00元

前 言

苹果是我国优势农产品之一，中国苹果的生产和消费规模均占全球50%以上，稳居世界第一位，已形成黄土高原、渤海湾两大苹果优势产区，以及西南冷凉高地、新疆、东北寒地小苹果区等特色产区。苹果产业在促进区域经济发展、农业增效、农民增收致富、改善生态环境以及乡村振兴等方面发挥着非常重要的作用。

2022年10月26日，习近平总书记在延安市安塞区高桥镇南沟村考察时指出，"陕北的气候、光照、纬度、海拔等非常适宜发展苹果种植，加上滴灌技术、矮化种植技术、选果生产线等不断发展，就地卖出，销路不愁，大力发展苹果种植业可谓天时地利人和，这是最好的、最合适的产业，大有前途。"为陕北地区苹果产业高质量发展指明了方向，也更加坚定了黄土高原地区发展苹果产业的信心与决心。

当前，我国苹果产业正处于传统产业向现代产业转变的重要历史时期，转型升级和提质增效是苹果产业发展的主题。随着苹果与第一、第二、第三产业的深度融合，新品种、新技术、新装备的创新与应用正推动着现代苹果产业不断发展。

高职教育承担着为生产一线培养高素质技术技能人才的重任。传统的高职园艺技术专业书籍通常按知识结构分为园艺植物栽培、园艺植物病虫害防治、园艺植物土肥水管理等，园艺植物栽培书籍又分为总论（所有园艺植物基础知识）和各论（分类介绍各种园艺植物），存在知识体系分散、理论知识内容较多、技术技能和真实生产内容较少、苹果生产管理内容较少、内容相对滞后于生产实践及专业素养侧重不够等有待改善之处。

为适应职业教育理实一体化需求，本书以"三教改革"为导向，以工作手册形态为特征，注重理论与实践相结合，既体现专业理论知识，又融合行业企业场景实例，构建以真实生产项目、典型工作任务、实践案例等为载体，以体现模块化、项目化、任务式、实际生产过程为目标的内容体系。将苹果生产的主要技术技能按照一年四季分为4个模块12个月进行项目任务化，集聚苹果栽培、病虫害绿色防控、土肥水管理、管理方案制订等领域内容，理论知识以"必需够用"为度，注重技术技能和职业素质养成，反映新知识、新技术、新标准，力求实现内容与职业标准的对接、学习过程与生产过程的对接，以服务苹果产业转型、技术升级。

　　本书编写团队由"校企双元"联合组成，由杜善保、高焰、史继东担任主编。具体编写分工如下：杜善保（延安职业技术学院）编写苹果园种植规划、土肥水管理（水肥一体化、豆菜轮茬）、花期霜冻防御、化学疏花疏果、免套袋优质高效栽培、矮化密植整形修剪、病虫害周年防控方案等内容；高焰（延安职业技术学院）编写土肥水管理技术部分；史继东（陕西华圣现代农业集团）编写苹果大苗贮运种植、现代苹果园规划设计、矮砧密植栽培等内容；李春霞（延安职业技术学院）负责编写病虫害绿色防控等内容；刘来喜（延安职业技术学院）负责编写花果管理等内容；李宏飞（延安职业技术学院）负责编写乔化栽培整形修剪等内容；姚延琴（延安职业技术学院）负责编写苹果采收、贮藏等内容。本书由国家苹果产业技术体系首席科学家、西北农林科技大学园艺学院马锋旺教授担任主审，在此深表感谢！

　　本书在编写过程中，参阅了大量资料和著作，在此向相关作者表示衷心感谢。由于编者水平有限，不足之处在所难免，敬请广大读者和同仁批评指正。

编　者

目录

Contents

模块一　春季苹果管理技术

项目一　3月苹果管理技术

节气：惊蛰、春分。

物候期：萌芽显蕾绽叶期。

管理要点：苗木栽植、刻芽、巧施追肥、灌水覆膜、防治病虫害等。

任务一　苹果大苗运输、贮藏与栽植技术规程

任务描述

苹果苗木选择、运输、贮藏与栽植是苹果高质量生产的基础。在生产中必须要做好苗木的运输、贮藏工作，选择优质大苗栽植，才能提高栽植成活率和前期的经济效益。

任务目标

知识目标：熟悉苹果苗木运输、贮藏及栽植要求；掌握苹果苗木栽植方法及注意事项。

能力目标：能按照技术要求完成苗木栽植操作。

素质目标：培养吃苦耐劳的劳动精神和相互合作的团结协作精神。

知识储备

一、苗木运输技术

(一)车辆选择

(1)运输车辆必须干净、卫生、无污染物，高栏和厢式货车车底和侧面需铺塑料膜和棉被，棉被必须加水保持湿润，装满后，顶部要用湿润棉被盖住防止风干。当室外温度在 20 ℃以上或者低于 0 ℃、运输距离超 150 km 或者运输时间大于 2 h 时，必须选择冷链车，防止苗木因长时间处在高温环境出现质量问题。

(2)长途运输和大规模运输采用冷藏集装箱，冷藏条件为温度 0.5～3 ℃、湿度 95% 以上，苗木运输全程中不得关闭制冷设备。如运输途中出现故障无法实现冷藏运输时，可以通过瓶装冰来调节温湿度，温度最高不能超过 10 ℃，否则司机应及时与客户取得联

系，调换车辆。车厢需配备温湿度监测设备。

（3）短途运输，即运输距离小于 150 km 或运输时间小于 2 h，且室外温度不超过 20 ℃ 或不低于 0 ℃，可采用普通货车运输，装车前加湿，装车后洒水，盖好篷布，做好保湿措施，且不与有毒、有害物质混装混运。中途尽量不休息，如有休息，需将车辆停放在阴凉处。

（二）苗木杀菌技术

砧木及苗木出库发运时，必须进行药剂浸蘸或喷淋处理。浸蘸药剂：70% 甲基硫菌灵 800 倍液或 25% 吡唑醚菌酯 2 000 倍液；喷淋药剂：80% 克菌丹可湿性粉剂 600 倍液或 98% 农用硫酸铜晶体 500～800 倍液。

（三）装车要求

（1）车辆检查与清理。仓储与运输司机签订苗木运输告知书后安排对车辆进行检查，车辆到达装车地点后，仓储安排装卸人员对车辆进行卫生清理，对于非冷藏车，需用塑料布、棉被对车体底部及围栏侧面进行防护，加湿后开始装车。

（2）苗木装卸要求。

①装车时仓储人员对装车过程进行监督，严禁装车工人野蛮踩踏苗木，务必轻拿轻放，减少装卸损伤；

②不同品种需要进行标记，分隔装运；

③装卸过程避免太阳暴晒，减少树体水分散失；

④严格按照备货清单所列品种、等级、数量及备货地点进行装车，如有特殊情况更换品种、等级和数量，须由销售递交有效文件；

⑤不同等级苗木装车方向不同，4A 和 3A 苗木装车时苗木方向与车辆同向平放，其他等级苗木可横向平放；

⑥装车高度不得高于车体护栏高度。

（3）装车时仓储人员依据实际情况填写装车记录表。装车时仓储、质检人员同时记录装车品种、等级及数量，确认无误后双方在《装车单》上签字，仓储人员随车携带装车位置图（或文字说明）以及检疫证交由货运司机。

二、苗木贮藏技术

（1）苗木到达客户方后，如果不具备栽植条件不能即刻栽植，要求将苗木在冷库储藏，冷藏条件为温度 0.5～2 ℃，湿度 95% 以上。贮藏苗木不得使用存过苹果、梨等的冷库，使用冷库前需在贮藏前 3 d 进行消毒，消毒后通风 48 h 方可使用。

（2）入库阶段库温维持在 3 ℃ 左右，小心装卸，合理安排货位及堆码方式，保证库内空气正常流通。不同品种、等级的苗木应分别堆放。入库后应及时填写货位标签和平面货位图。苗木贮藏期适宜温度为 0.5～2 ℃，适宜相对湿度为 95% 以上，并保持此条件至贮藏结束。

（3）贮藏过程中定期通风换气，排出苗木代谢活动释放和积累的有害气体，同时应防止库温出现大的波动。无关人员不得进入库房，严格落实门禁制度和进出物品登记手续。

（4）苗木如果在冷库储藏时间超过 15 d 需要喷施杀菌剂，药剂可以选择 80％克菌丹可湿性粉剂 600 倍液或 98％农用硫酸铜晶体 500～800 倍液，每 10～14 d 喷施一次。

（5）库房内张贴安全标识，标明安全操作规范及安全通道位置。制冷设备需定期检修，并做好标记，以防突发故障造成苗木贮藏损失。填写《冷库检查记录》。

三、苗木定植技术规程

（一）栽植前准备

1. 园地准备

园地确定后先进行园地的地形、地势等立地条件进行测绘，根据测绘情况和生产用途进行科学的园地规划并制定园地规划实施方案（包括种植规划图、道路、排灌水系统、房屋、选果场等）。按实施方案进行土地平整→灌溉相关设备准备→定植穴准备→浸苗池准备→工人准备与培训→苗木调运工作→苗木简单分级等准备工作。

根据种植规划图要求，苗木栽植一周前应完成苗木栽植地块的土地平整、土壤改良、定点、放线、格架及滴灌系统的安装工作，确保苗木栽植时严格按照规划图及栽植标准栽植。对于重茬建园或土质较差的园区必须在栽植前一个月内完成土壤改良。

2. 苗木准备

苹果育苗因砧木不同育苗方法也不一样，种子繁殖称为实生苗（砧），多用于乔化砧木繁殖；而用扦插、压条等无性繁殖称为自根苗（砧），多用于矮化砧木繁殖。还有矮化中间砧由乔化砧木＋矮化砧木＋品种三段两次嫁接组合。目前，生产中多用自根砧矮化密植的栽培方式，其次矮化中间砧矮化密植栽培，乔化自根砧密植栽培为研究试验阶段。苹果建园时在选择优良品种和适宜砧木类型的基础上，选用优质壮苗（见表 1－1）是建园成败的关键环节之一。

表 1－1　矮化自根砧苹果苗质量分级指标

项目		级别		
		特级	一级	二级
基本要求		品种和砧木纯度 98％以上，无检疫对象和严重病虫害，无伤害和明显的机械损伤		
根	侧根数量/条	≥15		
	侧根基部粗度/cm	≥0.30	≥0.25	≥0.20
	侧根长/cm	≥20		
	侧根分布	均匀、舒展而不卷曲		

项目		级别		
		特级	一级	二级
茎	嫁接高度/cm	距离地面10±2		
	高度/cm	≥150	≥120	≥100
	粗度/cm	≥1.8	≥1.1	≥0.9
	整形带分枝数/条	≥8	≥5	——
	倾斜度/°	<15		
根皮与茎皮		无干缩皱皮；无新损伤处；老损伤处总面积不超过1.0 cm²		
芽	整形带内饱满芽数(个)	≥12	≥10	≥8
	苗龄(年)	3～4	2～3	2～3
接合部愈合程度		愈合良好		
砧桩处理与愈合程度		砧桩剪除，剪口环状愈合或完全愈合		

摘自《延安苹果苗木质量和繁育技术规程》(dB612600/T131—2018)

实现"大苗栽植，一次成园，二年结果，三年丰产"的目标，选用矮化自根砧苗木必须达到特级以上指标，其标准为苗高1.8 m以上，茎粗3 cm以上，树干50 cm以上有螺旋式均匀分布的枝条13个以上，枝条下长上短呈"纺锤形"，枝粗在1 cm以下，根系完整，主根长大于30 cm，无损伤、无病虫危害。

(二)定植穴准备

(1)定点挖大坑。按栽植方案的栽植密度定点，用打孔坑机开挖直径80 cm、深80 cm的大坑，坑设置直径80 cm、深度80 cm的铁丝网(铁丝网规格为孔径0.8～1.5 cm，铁丝直径0.1 mm)防止鼠害。每穴施腐熟优质有机肥20 kg＋1 kg磷酸二铵与表土混合均匀后填入坑下部，分4次踩实，至坑沿留30 cm分深定植穴。如果长时间不栽苗则填满坑不留穴。

(2)挖定植穴。在大坑中央挖定植穴。在苗木栽植前1～3 d将定植穴准备到位，定植穴规格：直径为30 cm，深度为30 cm。挖定植穴应垂直下挖，上下口径大小要一致，以保证苗木根系的正常延展。挖定植穴后立即栽苗，以防土壤水分散失，如定植穴内土壤干燥时，定植前1～2 d给穴内浇一次水，使穴内土壤湿润。

(3)根据需要，定植前在每个穴内放入杀虫剂(辛硫磷颗粒剂)，每穴放入10 g左右，时间不宜太早，防止药剂挥发。

(4)为防止肥料因为使用或操作不当烧苗，定植时一般不建议施肥，如需施肥，应该严格按照操作规范执行，并进行监督。

在种植穴内施入农家肥时，可选用充分腐熟的粪肥或商品有机肥500 g，碱性土建议选择重过磷酸钙200～300 g，酸性土施入过磷酸钙约500 g或重过磷酸钙200～300 g，准备在种植穴旁，种植时将肥料与土壤充分搅拌混合后填入种植穴。

（三）浸苗池建设标准

(1)选择交通便利、距离水源和地块较近、空间较大的位置挖掘浸苗池，一般以蓄水池附近为佳。

(2)浸苗池宽 1.5 m、深 1.0 m，长度可依据各基地实际地形设计、苗木数量等条件确定。

(3)浸苗池两侧至少留出 1 m 宽的道路，方便人员通行。

(4)每平方米浸苗池可以存放约 100 株带分枝大苗，如 10 m 长的坑可存放特级大苗木 1 000～1 500 株。

(5)浸苗池内铺设塑料布以防水，使用次数多时需要再铺一层彩条布，防止塑料布被树根扎破(图 1-1)。

图 1-1　浸苗池

(6)浸苗池顶部搭设双层遮阳网，南侧与西侧遮阳网需下垂至地面。

四、人员组织与培训

在苗木栽植前根据栽植工作进度积极协调人员安排，做到专人专岗，责任到人，确保苗木栽植工作井然有序地开展。同时，积极组织并培训栽植工人，告知栽植标准，规范栽植操作。

五、苗木栽植技术要点

（一）栽植时间

栽植最佳时间为早春土壤解冻后地温在 10 ℃以上时进行，若苗木抵达时间已经晚于最佳种植时间，则应在苗木抵达基地后，及时种植。若定植量较大，考虑其他因素，可适当提前定植。

（二）苗木浸泡方法

(1)苗木从冷藏车中取出后，需尽快进行浸苗处理。
(2)按照品种分区域放入浸苗池，同一池内的不同品种需要进行分隔和标记。

（3）苗木在码放时，注意根部高度一致，确保所有苗木根部全部浸泡在水中。

（4）注水量以没过所有苗木根部为准。

（5）浸泡时间为 24～48 h，每 12 h 需换水一次，3 h 内换完一遍水，避免根系缺氧。当苗木有失水现象时，可以整株浸泡在水中 24 h。

（6）根系或枝条出现严重机械损伤或中心干劈裂、折断等情况，可以通过修剪减少伤口面积，并单独浸泡和定植。

（7）正常情况下，浸苗池内不得加入生根粉与杀菌剂等。

（8）苗木在田间运输时要做好保湿、避免防晒，苗木卸到地头后需遮阴，在出泡苗池后 2 h 内栽完。

（三）栽植要点

1. 栽植深度

矮化自根砧苗栽植深度为砧木嫁接口外露出地面 10 cm 左右为宜。乔砧短枝型苗栽植深度为砧木嫁接口与地面相平或略低于地面为宜。矮化中间砧苗栽植深度为矮化中间砧外露地面 1/3～1/4 左右为宜。

2. 栽植时间

在延安区域春季栽植适宜时间为 3～4 月，土壤解冻后即可栽植，至苗木发芽前栽植完，有分枝大苗在春季栽植成活率较秋季栽植高。秋季栽植适宜时间为 10 月下旬至 11 月上旬，土壤冻结前完成栽植，多用于没分枝的苗木栽植。

3. "三踩两埋一提苗"的节水栽植技术

按定植密度放线校准苗木栽植点挖定植穴，定植穴先沿穴四周踩实，穴中间呈小土堆。然后将根系沾泥浆的苗放在土堆上，根系向四周摆均匀，再填半穴湿润表土后四周踩实并将苗木轻轻向拔一下，使根系与土壤舒展紧密接合，而后穴中填满湿润表土四周踩实，最后整成"里低外高"呈"浅锅底形"的树盘。这种栽植技术苗木根系部位土壤较松，利于水集中渗透苗木根部，较节约水分。

4. 浇定植水

春季在苗木栽植后 0～4 h 内浇定植水，单株浇水量不低于 10 kg，确保湿润深度 35 cm 以上。第一次定植水一定要浇灌在树根中心位置，避免滴灌口离树根较远，部分苗木根部不湿润；灌水水温较高时有利于成活，一般要求水温在 12 ℃ 以上。秋季栽植土壤湿度大不需要浇水。

5. 密封保湿促成活

密封保湿是确保成活的关键技术之一，苗木栽植后非必要不建议修剪。若修剪则在 24 h 内用防水型伤口愈合剂等涂抹各种伤口密封，防病保水。春季栽植大苗在主干上缠塑料膜保湿，据刘来喜试验：锦绣海棠在主干缠单层塑料薄膜，缠三年塑料薄膜自然分化后掉落，轻微灼伤树表皮，塑料薄膜掉落后一年树皮恢复正常，树干皮部光滑。对树体生长发育没有影响，既节省了主干抹芽，又有冬季保水防抽条、防动物啃伤的作用。

特别适用于地温上升缓慢、风大、蒸发量大、苗木成活困难的区域。

若定植时间晚于5月1日或气温高于30℃，定植后尽快完成浇水、断枝剪口涂抹伤口愈合剂。也可喷低浓度石蜡液、高脂膜等保水剂，进行防脱水处理。

6. 覆盖塑料薄膜

苗木定植后在树盘覆盖黑色地膜或园艺地布来保湿、提高地温，促进苗木成活。覆盖地膜时先将树盘整成"里低外高"呈"浅锅底形"的畦，畦面平整、光滑、无杂草及大土块，然后将膜拉开，对齐树干央处剪开一半或两块覆盖，将膜平铺地面，拉紧后膜四周和开口处用湿土压实，封严地膜不透气，达到"严、紧、平、实"的效果。

7. 支杆扶正树干

苗木覆膜后立即用竹竿固定苗木或用硅胶绳等将苗木绑缚到格架上，距离格架钢丝1～2 cm。确保苗木不随风晃动。

(四)栽后发芽迟或不发芽问题分析

1. 栽植深度不适宜

在以往建园中发现不同程度的砧木栽植过深、品种生根的问题，M26、M9等砧木矮化功能丧失，导致树体长势过旺，趋向乔化树发展。经调查，造成此现象的主要原因之一是栽植时未能准确识别嫁接口。另外，栽植时回填土踩不实土壤下沉而苗木掉根。因此，在苗木定植时对工人进行科学、规范的栽植技术培训，保证苗木的正确栽植。避免苗木栽植过深，M9－T337根系对生土比较敏感，栽植过深根系进入生土层、下层土壤温度较低，升温缓慢，造成苗木发芽迟或不发芽，影响苗木成活率。

2. 苗木生活力差

苗木失水、受冻、损伤、病虫危害、根系过短、土壤环境条件差等原因使苗木生活力降低，发芽慢而迟，甚至不发芽。浸泡前如发现根系有发霉现象，进行根部消毒及剪除发霉根部的工作。

六、栽植后一年内管理

(一)浇水

大苗定植要多浇水促进成活和树体健壮的生长发育。一年中共浇4～5次水，单株每次不小于10 kg，确保湿润土壤深度25 cm以上。一般浇定植水后5～7 d浇一次缓苗水，如果天气晴朗，光照强，蒸发量大、土壤干旱时则在栽后3 d左右浇一次水，7 d后再一次缓苗水。苗木发芽后再一次促芽水，当新梢长到5 cm以上时浇一次促梢水。之后根据土壤含水量和天气情况灵活浇水。

(二)追肥

苗木成活后当新梢长到5 cm以上结合浇促梢水，每亩追施5 kg高氮水溶肥(N：P：

K＝18：8：10），促进新梢生长。当新梢长30 cm时每亩追施5 kg高钾水溶肥(N：P：K
＝112：8：15），促进花芽形成，提高枝条成熟度，提高幼树抗性，也可在新梢长30 cm
长时叶面喷施0.3％磷酸二氢钾或其他营养液，7 d喷一次，连喷4～5次，可结合打药
加入营养液。

（三）打清园药

种植完成后3 d内打清园药，参考方案为：25％丙环唑乳油2 000～2 500倍液；或
10％苯醚甲环唑1 500～2 000倍液；或43％戊唑醇悬浮剂2 000～2 500倍液；或400 g/kg
氟硅唑乳油2 500～3 000倍液。加入45％毒死蜱乳油1 000倍液。非乳油性药剂需加上
渗透剂(即1份杰效利加5 000的)进行混合使用。

（四）修剪

1. 拉枝

苗木栽植后至发芽前进行拉枝。定植后立即拉枝是翌年产量形成的关键举措。粗度
达到树干1/3以上、长度达到40 cm以上、角度小于90°的枝条为主要拉枝对象，富士系
列可以拉到110°～120°，嘎拉及其他系列拉到90°～100°即可。枝条越粗壮，拉枝角度越
大；反之，则拉枝角度越小。海拔越高，水肥条件越差，拉枝角度越小；反之，拉枝角
度越大(图1－2)。

当树中心干上新梢达到15 cm长时用竹签撑成水平壮，长到40 cm时按上述方法
拉枝。

图1－2　定植后拉枝

2. 抹芽与摘心

抹除主干的芽，剪口双芽除一留一壮芽。中心干二、三芽新长到10 cm长时留2叶
重摘心，控制其生长，促进延长枝的强势健壮生长。

（五）中耕除草

当果园行间草长到30 cm左右时除草，保证不影响幼树的生长。

七、成活率调查

定植后随时观察，对发芽成活不正常的苗木及时进行补救处理，进一步检查伤口是

否有遗漏、是否踩实、浇水是否到位、固定是否稳固等，栽后一个月对其成活率进行调查，两个月左右复查一次，并分析调查结果，总结苗木栽植中出现的问题及注意事项，形成报告，以便为后期苗木栽植提供经验与指导。

八、其他注意事项

(1)在浸泡前如发现根系有发霉现象，需进行根部消毒及剪除发霉根部的工作。

(2)若定植时间晚于 5 月 1 日，或日温大于 30 ℃，定植后应尽快完成浇水、树干涂白、覆土保护嫁接口、打清园药以及断枝剪口涂抹伤口愈合剂。如需进行防脱水操作，应使用低浓度液体石蜡。

(3)春季风大或气温持续偏低，栽后 7 d 不能正常发芽的苗木，建议嫁接口培土，成活后将土刨开。

九、授粉树配置

专用授粉树配置模式，栽植在同一区域的同一品种，配置一种或两种授粉树，理论上授粉树占主栽品种的 15%～20%，至少比例为 9:1，授粉树配置方式分为等行式、等株式两种。要求授粉与主栽品种越近越好，且分布均匀。

十、学(预)习记录

熟悉苗木运输规程、苗木贮藏规程、苗木定植技术规程、苗木栽植技术、种植后管理及授粉树配置要点，填写表 1-2。

表 1-2 苹果大苗运输、贮藏与栽植技术规程技术的要点

序号	项目	技术要点
1	苗木运输规程	
2	苗木贮藏规程	
3	苗木定植技术规程	
4	苗木栽植技术要点	
5	种植后管理	
6	授粉树配置	

 **任务实施**

一、实施准备

工具材料准备见表 1-3。

表 1-3　苗木栽植技术所用的工具、材料(可以按组填写)

种类	名称	数量	用途	图片
实训项目：苗木栽植技术				
材料	苹果苗木	N 株	实施对象	
	农家肥	30~50 kg/棵	施肥	
工具	铁锹	16 把	回填土壤	
	农膜	8 卷	覆盖保湿	
	修枝剪	8 把	修剪根系	
	施肥工具	1 个/组	盛放肥料	

二、实施过程

(一)小组分组

以 4 人/组为宜。

(二)实施流程

教师讲解——教师示范——学生代表示范——学生点评——教师点评——分组实践。

(三)实践操作

按照技术要点进行分组实践，每组 50 株以上。

(四)思考反馈

1. 简述苗木栽植时期。

2. 简述苗木栽植密度。

3. 简述苗木栽植深度。

4. 简述苗木栽植注意事项。

小组名称		组长		组员				
指导教师		时间		地点				
评价内容				分值	自评	互评	教师评价	
态度(20分)	遵纪守时，态度积极，团结协作			20				
技能操作 (60分)	土壤回填、肥料施入是否合理			10				
	栽植深度是否合理			10				
	树盘整理是否平整			10				
	覆膜工作完成情况			10				
	操作手法的灵活程度			10				
	授粉树配置是否合理			10				
创新能力(20分)	发现问题、分析问题和解决问题的能力			20				
各项得分								
总分								

🧰 **知识链接**

苹果砧木、嫁接苗与接穗储运技术流程

任务二　刻芽技术

 **任务描述**

刻芽常用于幼树，是实现苹果幼树早期丰产的关键技术之一，也是春季管理的一项重要技术措施。正确的刻芽可显著提高果树枝条萌芽率，促进隐芽的萌发和新梢的生长，使幼树早成形、早结果、早丰产。

🧰 **任务目标**

知识目标：熟悉刻芽技术的标准要求和注意事项。

能力目标：能结合生产独立完成苹果春季刻芽。

素质目标：严格按照行业技术标准、规范操作，养成严谨科学的工作态度，培养团结协作精神。

📖 知识储备

一、刻芽作用

刻芽是指在果树枝干的芽上 0.3～0.5 cm 处，用小刀、钢锯条、密齿手锯切断少许木质部导管的方法。刻芽能明显增加枝量、有效地提高萌芽率、加快树体成形，是实现早成形、早结果、早丰产的技术措施之一。在苗木定植后或大树缺枝部位刻芽定向发枝。幼树树冠偏斜主干缺枝处刻芽可抽生长枝，平衡树体结构；一年生长枝刻芽可抽出中短枝；一年生水平枝在枝条两侧刻芽，萌发的枝条可与背上芽争夺水分和养分，抑制背上芽萌发，有效减少背上的长枝数量。

二、刻芽时间

苹果树春季刻芽在萌芽前 7～15 d 至萌芽初期进行，一般时间为 3 月中下旬至 4 月中旬。若时间过早，则伤口会散失树体内水分，且芽体失水受冻，严重者干枯死亡。刻芽时间要根据刻芽的目的而定。为抽发长枝，刻芽要早(萌芽前 15～30 d)、要深(至木质部内)、要宽(宽度大于芽的宽度)、要近(距芽 0.3 cm 左右)；为抽发短枝，刻芽要晚(萌芽初期)、要浅(刻至木质部，但不伤及木质部)、要窄(宽度小于芽的宽度)、要远(距芽 0.5 cm 左右)。

三、刻芽方法

刻芽的深度、时间不同萌发的枝条长短、强弱不一样。为抽发长枝刻芽要早(萌芽前 7～15 d)、要深(至木质部内 0.3～0.5 cm)、要宽(宽度大于芽的宽度)、要近(距芽 0.3 cm 左右)称为重刻芽；为抽发短枝刻芽要晚(萌芽初期)、要浅(轻伤及木质部)、要窄(宽度小于芽的宽度)、要远(距芽 0.5 cm 左右)称为轻刻芽。

(一)中心干刻芽

中心干刻芽是为了增加长枝量，加快幼树早成形。在一至三年生的强旺幼树进行重刻芽。新建当年壮苗从定干剪口下第四芽刻起，干高 70 cm 以上，每隔 3 芽刻 1 芽，使整形带四面有 3～4 个枝。二年至三年生幼树树干枝部位疏枝处及上下 20 cm 能发枝不需刻芽；无疏枝方向于干高 70～100 cm 以上刻芽，最好选短枝芽，无短枝芽时则选较明显的芽痕。

(二)一年生长枝刻芽

对一年生长枝条刻两侧芽(包括背上侧芽和侧下侧芽)进行轻刻芽，枝条基部 15 cm

内的芽和枝先端 20 cm 内的芽不刻，全树所有长枝均可进行刻芽。刻芽促发形成中、短枝，促进花芽形成，实现早结果、多结果的目的。

（三）缺枝部位的刻芽

对于多年生树干或主枝出现缺枝时，在缺枝处进行重刻芽、刻伤（目伤），可促发新梢，补充缺枝。

四、注意事项

（1）刻芽只适用于萌芽率低、不易形成的中短枝、难成花、小枝量不足的品种和生长强旺的幼树、一至三年生枝条。

（2）刻芽从一年生枝开始，一年生枝上刻芽效果最佳。

（3）刻芽的主要目的是增加短枝量和增加长枝量培养合理树形。因此要适量刻芽成枝，过多刻芽会造成枝量过大，光照不良，过多刻芽也能造成树势衰弱。一般树势强多刻侧芽，少刻背上芽，对于粗壮长枝多刻，侧枝多刻芽，主枝少刻芽，弱树、弱枝不刻芽。

（4）刻刀或剪刀应专用，并经常消毒，以免刻伤时造成感染。

（5）春季多风、气候干燥地区，刻伤口能背风向最好，防止发生腐烂病。

（6）刻芽方法要正确，不可过长或过短、过深或过浅、过近或过远，更不能伤芽体。

（7）刻芽应从幼树整形修剪抓起，在 3 年以内的枝上进行效果佳。

（8）刻芽和拉枝、肥水管理等技术相结合，才能达到最佳效果。

五、学（预）习记录

熟知刻芽技术要点，填写表 1－4。

表 1－4　苹果春季刻芽技术要点

序号	部位	刻芽技术要点
1	中心干延长枝	
2	主枝及延长枝	
3	辅养枝及侧枝	
4	缺枝部位刻芽	

 任务实施

一、实施准备

准备工具材料见表 1－5。

表 1-5 刻芽工具和材料

种类	名称	数量	用途	图片
材料	苹果龄树	N 棵	实施对象	
	创可贴	1 片/人	预防受伤	
	消毒液	N 瓶	消毒、杀菌	
工具	木工刀或钢锯条	1 个/人	刻芽工具	
	细铁丝	N 根	刻芽工具	
	修枝剪	16 把	修剪工具	
	折叠三角梯	1 个/组	辅助工具	

实训项目：萌芽期刻芽技术

二、实施过程

(一)小组分组

以 2 人/组为宜。

(二)实施流程

教师讲解——教师示范——学生代表示范——学生点评——教师点评——分组实践。

(三)实践操作

按照刻芽技术要点进行分组实践,每组 50 株以上。

(四)思考反馈

1. 简述刻芽的作用。

2. 简述刻芽的方法。

3. 简述刻芽应注意的事项。

任务评价

小组名称		组长		组员			
指导教师		时间		地点			
评价内容			分值	自评	互评	教师评价	
态度(20分)	吃苦耐劳，认真负责，团结协作		20				
技能操作 (60分)	刻芽方法应用		20				
	中干延长头主枝延长头、辅养枝、侧枝刻芽		20				
	缺枝部位刻芽		20				
创新能力(20分)	发现问题、分析问题和解决问题的能力		20				
各项得分							
总分							

任务三 巧施追肥技术

任务描述

萌芽期，苹果生长发育以消耗贮藏营养为主，根系活动早于地上枝芽。随根系生长和气温升高，树液上运，苹果开始萌芽、抽枝、展叶、开花，生长量较大，是肥水需求的旺盛时期，因此萌芽期的土肥水管理非常关键，特别是土壤肥力低的地区更应注意萌芽期要适时适量追肥，控制好花前催芽肥。

任务目标

知识目标：熟悉施肥技术标准要求和注意事项。

能力目标：能按照技术标准要求完成苹果树施肥。

素质目标：养成安全生产和规范操作意识，养成吃苦耐劳的劳动精神。

知识储备

一、苹果追肥的时期、肥料种类与方法

(一)萌芽期追肥时期及肥料种类

苹果萌芽期早晚因区域不同、品种不同而不同，萌芽期追肥时期因地区不同也不一样，延安大概在3月上旬至4月上旬，即在土壤解冻后进行追肥，此时主要施以氮、磷为主的肥料，春季早追肥促进苹果树萌芽快而整齐，加快春梢的生长。多采用尿素、磷酸二铵、少量硫酸钾混合施入或多元素复合肥，平衡土壤养分，有利于养分高效调配。肥料种类见图1-3。

图1-3 肥料种类

(二)追肥方法

根据不同的施肥方法和部位，追肥方法可分为土壤追肥和根外追肥两种，一般以土壤追肥为主。

1. 土壤追肥

施肥部位：苹果树的根毛是吸收肥料最主要的部位，所以在施肥的时候，把肥料施在根毛集中区域，可以提高肥效。果树的根毛通常分布在树冠垂直投影边缘，30～40 cm 深的土壤。

(1)追肥方法。

①穴施法：在树冠下挖6～8个洞穴，深15～20 cm，撒入化肥，干旱情况下于每个穴中浇水5～10 kg(图1-4)。

②条状沟施肥法。在行间开沟施肥，条沟宽30 cm，深25～30 cm，施肥后将沟填平、浇水。适宜机械作业(图1-5)。

图1-4 穴施　　　　　　　　　　　　图1-5 条状沟施肥

③简易肥水一体化施肥(图1-6)。该技术是集微灌和施肥为一体的灌溉施肥模式，每行果树沿树行布置一条灌溉支管，借助微灌系统，在灌溉的同时将肥料配兑成肥液一起输送到根部土壤。具有供肥及时、均匀、不伤根系等优点，同时不破坏土壤结构，节约化肥用量。

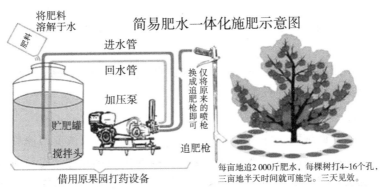

图 1 - 6　"肥水一体化"技术

（2）施肥量的确定：要根据苹果树的树龄、生长和结果情况确定，不能一概而论。

全年按每生产 100 kg 苹果计算，需纯氮 1～1.1 kg、纯磷 0.6～0.8 kg、纯钾 1～1.2 kg、中微量元素肥 0.2 kg。氮、磷、钾的比例为 1：0.8：1.2。

根据果园产量和肥料有效元素含量，计算出全年果园需氮、磷、钾的肥量。果树前期需氮肥多，后半年需磷肥、钾肥多，一般春季施全年氮肥量的 2/3、磷肥 1/3、钾肥 1/3，夏季施全年氮肥量的 1/3、磷肥 2/3、钾肥 2/3。

例如：苹果园预估亩[①]产量为 3 000 kg，则每亩需纯氮 30 kg、纯磷 24 kg、纯钾 36 kg，尿素含氮量为 46%，则全年每亩施尿素约 65 kg，春季每亩施 65×2/3＝43(kg)，剩余 1/3 氮肥夏季一次施入。

算一算：根据果园产量和肥料有效元素含量，计算出全年和萌芽期果园需氮、磷、钾的肥量（表 1 - 6、表 1 - 7）。

表 1 - 6　苹果园预估亩产量为 4 000 kg 施肥量的确定

全年果园所需有效元素	全年果园所需有效元素的肥量
氮	
磷	
钾	

表 1 - 7　苹果园预估亩产量为 4 000 kg 施肥量的确定

萌芽期果园所需有效元素	萌芽期果园所需有效元素的肥量
氮	
磷	
钾	

---

① 　亩为非法定计量单位，1 亩＝1/15 hm²。

(3)施肥。

①上年秋季基肥施用量足，且有机肥、化肥都施，旱地果园该期可不施化肥，改在果实膨大期追肥。

②上年秋季基肥施用量不足或未施基肥的挂果园，抢早按秋季施肥标准施足基肥（基肥施肥技术详见秋季肥料管理技术）。

2. 根外追肥

根外追肥又称叶面施肥，将水溶性肥料或生物性物质的低浓度溶液喷洒在生长中的苹果叶上的施肥方法，叶面追肥具有节省肥料、提高肥料利用率，简便易行、不受土壤条件的影响等优点，但用肥量小，无法满足苹果生长发育需要，只能作为补充性追肥或肥料无法进行土壤施肥。

图 1-7 "奇蕊"氨基酸肥

（1）叶面喷施。萌芽前，在枝条部位喷施 0.2%～0.3% 的尿素溶液或其他高氮肥液，每 7 d 喷 1 次，连喷 3～5 次，可以促进萌芽、芽体发育和花芽发育。

（2）树干喷涂。喷涂优质氨基酸复合肥具有"营养全面，速效补养，使用方便"等多重功效，萌芽前后在主干高于地面 10 cm 以上处，用 10% "奇蕊"氨基酸肥（图 1-7），喷涂宽度 20～40 cm，每隔 20 d 左右涂干 1 次，连喷 2～3 次，补充果树萌芽期对有机营养的需求。

二、苹果追肥注意事项

（1）上一年秋季基肥施用量不足或未施基肥的挂果园，抢早在萌芽前按秋季施肥标准施足基肥（基肥施肥技术详见秋季肥料管理技术），越早越好。

（2）树干抹涂时，应先刮除树干的老树皮，剪口、锯口及腐烂树疤不可涂抹。

（3）根外追肥可以与病虫害防治或化学除草相结合，药、肥混用不产生化学反应、不产生沉淀时才可使用，否则会影响肥效或药效。施用效果取决于多种环境因素，特别是气候、风速和溶液留在叶面的时间。因此，根外追肥应在天气晴朗、无风的下午或傍晚进行。

（4）不要挖断直径 1 cm 以上的根系，伤根要少。

（5）施肥后及时覆土、踩实、灌入充足的水，使根系与土壤密接。

（6）上年秋季基肥施用量足，且有机肥、化肥都施，旱地果园不进行春季追肥，改在果实膨大期追肥。

三、学（预）习记录

熟悉追肥方法的标准要求，填写各种追肥方法的技术要点（表 1-8）。

表 1-8 追肥方法及操作要点

序号	追肥方法		技术要点
1	土壤追肥	穴施	
		条状施肥法	
		简易肥水一体化施肥	
2	根外追肥	喷施	
		树干涂抹	

任务实施

一、实施准备

工具材料准备见表 1-9。

表 1-9 追肥所用的工具、材料

实训项目：萌芽期苹果追肥技术				
种类	名称	数量	用途	图片
材料	不同树龄果树	N 棵	实施对象	
	速效性肥料	N 袋	增加养分	
工具	铁锨	2 把/组	挖坑埋土	
种类	名称	数量	用途	图片
工具	施肥工具	1 个/组	盛放肥料	
	钢卷尺	1 个/组	测量尺寸或距离	
	灌水工具	2 个/组	盛放水	
	耙子	1 个/组	耙杂物	

二、实施过程

任务实施过程中，学生要合理安排时间，根据课前追肥量的确定，按照追肥操作要点规范操作，分工合作完成。

(一)小组分组

以 4 人/组为宜。

(二)实施流程

教师讲解——教师示范——学生代表示范——学生点评——教师点评——分组实践。

(三)实践操作

按照追肥技术要点进行分组实践,每组用三种追肥方法完成 10 株以上。

(四)思考反馈

1. 简述苹果追肥的时期与方法。

2. 简述苹果追肥的种类。

3. 如何确定施肥量?

4. 什么叫根外施肥?其优缺点是什么?

5. 简述苹果追肥注意事项。

▦ 任务评价

小组名称		组长		组员			
指导教师		时间		地点			
评价内容				分值	自评	互评	教师评价
态度(20分)	遵纪守时,态度积极,团结协作			20			
技能操作 (60分)	施肥沟位置确定适宜			10			
	施肥沟宽度、深度符合要求			10			
	按要求的施肥量足量施入肥料			10			
	覆土严实,不露肥			10			
	爱护工具,注意安全			10			
	肥料是否搅拌均匀			10			
创新能力(20分)	发现问题、分析问题和解决问题的能力			20			
各项得分							
总分							

知识链接

矿质元素对植物的作用

任务四　灌水覆膜技术

任务描述

萌芽期至开花前是苹果第一个需水高峰期，正是树体萌芽抽梢、花器官进一步生长发育的关键时期，此期缺水会延迟萌芽和春梢生长，继而影响花芽质量，特别是黄土高原地区春旱较为严重，需及时灌溉保墒。

任务目标

知识目标：熟悉灌溉技术标准要求和注意事项；掌握各类灌溉技术。

能力目标：能按照灌溉技术要点完成生产中灌水覆膜。

素质目标：树立保护、合理利用水资源的观念，增强环保意识；培养爱岗敬业、甘于奉献的劳模精神。

知识储备

果园的土肥水管理，是果树优质、丰产、稳产的基础，是综合管理的重心。

结合黄土高原的实际情况，果园要依照"水肥齐下"的原则，运用"肥水一体化"合理施肥、适时浇水、适当采取科学保墒措施，才能更好地发挥肥效，达到苹果的优质、丰产、稳产。

一、水分管理技术

土壤干旱时可于萌芽前浅浇一次。黄土高原浇水主要采用肥水一体化技术、局部灌溉等节水灌溉方法，水由沟、穴底部和壁部渗入土壤，湿度均匀，蒸发量少，能克服漫灌恶化土壤结构的缺点。

（一）滴灌

滴灌是目前生产中使用较普遍的一种节水灌溉方法。具体做法：将主管埋入地下，支管设置在树行距地面 30~50 cm 处，毛管环绕树冠下地面上，每株树设 2~4 个滴头，每滴头每分钟滴水 22 滴，每小时约滴 2 kg 水，连续灌水 5 h 即可。首次灌溉应使土壤水分达到饱和，之后保持在田间最大持水量的 70% 左右（图 1-8）。春旱时 2~3 d 灌一次，以后根据土壤墒情确定灌水时间和数量。如果采取膜下滴灌，则节水效果更佳。

图 1-8　果园滴灌

(二)沟灌

在每行树两侧树冠下开一条深 30~40 cm、宽 30 cm 灌水沟，开沟施肥后保持沟形，沟上覆盖 20 cm 厚杂草，进行沟灌。这种方法水能集中渗透湿润根际土壤，草又能减少土壤表面水分蒸发，还能使雨水集中在沟内。既节约灌溉用水，又不破坏土壤结构，维持良好的土壤的通气状况，也可沟内设置滴灌带。

(三)坑施肥水

沿竖行方向，在两树之间挖长×宽×深=80 cm×80 cm×60 cm 的方形穴，用四周打孔的 110PVC 管，在管上打 1 cm 左右的圆孔，共打四排，打 12~16 个孔，长度 50 cm，竖立于穴中央，使其略低于地面，管外周边填入粉碎的秸秆、树枝等，并施入土肥混合物踏实，将地表整成锅底形，覆盖 1 m 见方的农膜（园艺地布），中间留一小口与管口大小一致，用塑料地漏盖封口，以便收集雨水或补肥补水（图 1-9）。

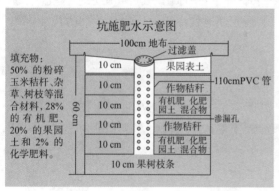

图 1-9　坑施肥水

二、土壤保墒管理技术

萌芽期主要是覆草技术、覆膜技术和顶凌保墒。

(一)覆草技术

果园覆草适于土壤贫瘠、土壤肥力差、受天气和温度影响较大的山旱地果园，平地覆草能防止内涝，盐碱、易涝低洼地不适于覆草。其技术要点如下。

1. 覆草的种类

选择无害化有机材料，如自然杂草、作物秸秆、菌棒等。

2. 覆草的厚度

覆草厚 15～20 cm，草长 20 cm 以下，全年始终保持这样的厚度，不够随时可加草。

3. 覆草的范围

提倡幼树树盘覆草（通行覆盖，行间不覆盖）（图 1 - 10），成年果树可全园覆草（图 1 - 11），主要起到保墒、防冻及稳定表土温度、减少冻土层厚度、改良土壤的作用。

图 1 - 10　树盘覆草　　　　　　　图 1 - 11　全园覆草

4. 操作

整理树盘，呈畦状，畦垄高 10 cm，一畦长 5～10 m，畦宽以树冠冠径为准，整平后加碎草平铺在畦内，厚 15～20 cm，并在秸秆中撒碳铵 0.5～1 kg/亩，促其腐熟，上面用土镇压，防火防风。

未实施覆盖的果园，施肥、灌水后整理树盘，进行覆盖。也可在冬天前或早春覆盖秸秆，以利保墒蓄水、抑制杂草、推迟花期。

(二)覆膜技术

1. 覆膜时间

覆膜技术适用于无灌溉条件的幼苗，四年生以下幼树，在追肥灌水后，将树盘修成"里低外高"，用地膜顺行在树两侧通行或单株覆盖，春季在地面解冻后提早覆膜，晚秋覆膜从 9 月下旬开始，到 11 月上旬基肥施完前结束。干旱地区秋季覆膜比春季覆膜保水效果好。幼树秋季覆膜既可保墒又能减轻冻土层厚度，对幼树抽条有一定的预防作用。

2. 地膜选择

覆盖材料：选用加厚黑色地膜或黑色园艺地布，地膜厚度要求 0.008～0.012 mm；质地均匀，膜面光亮，揉弹性强，耐老化性好，地膜使用寿命 1 年，地布 3～5 年，黑色地膜既有保墒作用，又有除草功能。

地膜宽度：应是树冠最大枝展的 70%～80%，因苹果吸收根系主要集中在这个区域内，膜面集流的雨水应蓄藏在此区域。春栽幼树定植后和秋栽幼树春季放苗后，用 1.2～1.5 m 宽的地布(地膜)通行覆盖；二至三年生幼树要求 1 m，并且单面覆膜，树干在膜面中央，垄面两边膜宽各 0.5 m；四年生以上的初果期树，根据树冠大小选择 1～1.2 m 的地膜，在树盘垄面两边双面覆膜；盛果期根据树冠大小选择 1.4～1.5 m 的地膜，在树盘垄面两边双面覆膜。

矮化树采用单膜覆盖；乔化树根据幼树、成龄树树冠大小，采用单模或双膜覆盖。

3. 覆膜方法

(1)起垄。成年树沿行向树盘起垄[图 1-12(a)]。垄面以树干为中线，中间高，两边低，形成开张的"⌒"形，垄面高差 10～15 cm 为宜。起垄时，将测绳外侧集雨沟内和行间的土壤细碎后按要求坡度起垄，树干周围 3～5 cm 处不埋土。垄面起好后，用铁锨细碎土块、平整垄面、拍实土壤，即可覆膜。幼园整成里低外高的畦，以利雨水集中根系部，促进幼树的生长。

(2)覆膜。覆膜时，要求地膜紧贴地面，四周用土压实，垄两侧地膜边缘埋入土中约 5 cm。将地膜拉长 3～4 cm 后两边立即压土，渐次推进，达到平展、严实、密不透风的效果。以利保墒增温，促进幼树健壮生长[图 1-12(b)]。

4. 注意事项

(1)平时要勤检查，尤其是刮大风或下大雨的天气，要防止地膜破损，影响覆盖效果。

(2)冬剪时尽量注意不要踩坏地膜，以延长地膜的使用期。

(3)在覆膜第二年 5～8 月的高温季节，如不揭去地膜，则必须用杂草和细土遮盖地膜，以免因地温过高而影响浅层根系的生长。

(4)地膜按功能特性，可分为透明膜、不透明膜、光降解膜和银色反光膜(包括银色地膜及除草膜) 等，生产中应根据使用目的而选择适用地膜(图 1-13)。

(a)   (b)

图 1-12 起垄覆膜

(a)起垄；(b)覆膜

图 1-13　不同颜色的地膜

(三)顶凌保墒

黄土高原十年九春旱，因此，初春土壤解冻后，及时顶凌浅刨园土，随即用耱耱镇压，可有效地保蓄深层水分。

三、萌芽期土壤、水分管理过程中注意以下事项

此期水分不宜太多，土壤含水量应达到田间持水量的 60%～80%，避免降低地温，导致根系活动缓慢。

四、学(预)习记录

熟悉灌溉方式及覆草、覆膜等技术标准，填写表 1-10。

表 1-10　灌溉方式及覆盖保墒技术操作要点

序号	项目		技术要点
1	灌溉方式	滴灌	
		沟灌	
		坑施肥水	
2	覆草技术		
	覆膜技术		

一、实施准备

准备工具材料见表 1-11。

表 1-11　覆膜覆草技术所用的工具、材料(可以按组填写)

实训项目：覆膜覆草技术				
种类	名称	数量	用途	图片
材料	不同树龄果树	N 棵	实施对象	
	水	N m³	浇灌材料	

实训项目：覆膜覆草技术				
工具	铁锹	2把/组	挖土行	
	耙子	1把/组	耙杂物	
种类	名称	数量	用途	图片
工具	黑色地膜	按需而定	覆盖	
	无害化有机材料 （自然杂草、作物秸秆、菌棒等）	按需而定	覆盖	
	土	按需而定	压膜、压草	

二、实施过程

任务实施过程中，学生要合理安排时间，按照灌溉覆膜技术要点规范操作，分工合作完成。

(一)小组分组

以 4 人/组为宜。

(二)实施流程

教师讲解——教师示范——学生代表示范——学生点评——教师点评——分组实践。

(三)实践操作

按照灌溉覆膜技术要点进行分组实践，每组用 3 种追肥方法完成 10 行以上。

(四)思考反馈

1. 简述坑施肥水的优点。

2. 简述覆膜保墒技术。

3. 简述覆草注意事项。

4. 果园覆草对苹果树生长的有利影响主要有哪些？

5. 在黄土高原，苹果园常用的灌溉方式主要有哪几种？

📰 任务评价

小组名称		组长		组员				
指导教师		时间		地点				
评价内容				分值	自评	互评	教师评价	
态度（20分）	遵纪守时，态度积极，团结协作			20				
技能操作 （60分）	覆草、覆膜位置确定适宜			10				
	覆草厚度、数量是否符合要求			10				
	覆草、覆膜方法是否得当			10				
	覆土严实程度			10				
	爱护工具，注意安全			10				
	覆膜是否平展			10				
创新能力（20分）	发现问题、分析问题和解决问题的能力			20				
各项得分								
总分								

🧰 知识链接

渭北旱塬苹果树需水特点及巧灌保墒措施

苹果园水肥一体化技术规范

任务五　病虫害绿色防控技术

 任务描述

　　病虫害防治是生产优质果品的保证，3 月防控的主要病、虫有：腐烂病、干腐病、轮纹病、白粉病、霉心病、黄蚜、瘤蚜、棉蚜、苹小卷叶蛾、红蜘蛛等，防治目标是清除在枝干上越冬的各种病虫，减少病虫基数，对果树生长期病虫防治可起到事半功倍的效果。

🧰 任务目标

知识目标：掌握 3 月苹果树主要病虫害种类及发生规律；熟悉 3 月苹果病虫害绿色防控的工作任务内容。

能力目标：学会正确诊断和识别腐烂病、干腐病、枝干轮纹病等枝干病害和棉蚜危害状；能按要求高质量完成刮治腐烂病、刮老翘皮、清园、翻树盘等各项综合防治措施，达到较好防控效果。

素质目标：养成规范操作的职业道德；养成绿色防控理念，促进绿色防控进程，增强强农兴农的使命感和担当。

⌨ 知识储备

一、苹果主要枝干病害诊断识别

苹果主要枝干病害诊断识别见表 1-12。

表 1-12　苹果主要枝干病害诊断识别

病害名称	病原	寄主植物及危害部位	危害状
苹果树腐烂病（烂皮病）	苹果黑腐皮壳菌，属于真菌界子囊菌门黑腐皮属	苹果、梨、桃、樱桃、梅等枝干，有时也可危害果实	枝干受害，表现出溃疡型和枝枯型两种症状类型。 溃疡型，多发生在主干和大枝上，主枝与枝干分杈处最多。发病初期，病斑为红褐色，略隆起，水渍状，边缘不清晰，组织松软，指压病部即可下陷，常有黄褐色汁液流出，有酒糟味，病皮极易剥离，揭开表皮，病部组织呈红褐色乱麻状，深达木质部。发病后期，病斑失水干缩下陷，病健交界处裂开，病皮上产生很多小黑点。潮湿时，小黑点上涌出黄色、有黏性的卷须状孢子角；枝枯型，多发生在二至五年生的小枝及果苔、干桩等部位。病斑形状不规则，扩展迅速，很快造成枝条干枯死亡。后期病部也出现小黑点。 果实病斑有轮纹，组织软腐状，具有酒味，病部可产生小黑点，潮湿时可溢出橘黄色卷须状孢子角
苹果轮纹病（枝干轮纹病、粗皮病）	梨生囊孢壳，属真菌界子囊菌门囊孢壳属	苹果、梨、山楂、桃、李和枣等果树的枝干、果实和叶片	枝干发病，以皮孔为中心形成近圆形或不规则形褐色病斑，病斑中心，疣状凸起，质地坚硬，边缘开裂，形成环状沟；对于多年生病斑裂纹加深，病组织翘起呈"马鞍状"，病斑表面产生小黑点，多个病斑连在一起形成粗皮。 果实发病，以果点为中心形成褐色深浅相间的同心轮纹，病部果肉腐烂。初期病斑表面不凹陷，严重时全果腐烂，常溢出褐色黏液，有酸臭气味。后期少数病斑的中部产生黑色小粒点，散生。失水后干缩，变成黑色僵果

病害名称	病原	寄主植物及危害部位	危害状
苹果干腐病（胴腐病）	葡萄座腔菌，为子囊菌亚门葡萄座腔菌属真菌	苹果、梨、桃、梅等10余种植物	幼树病斑为暗褐色至黑褐色，呈带状条斑，多发生在嫁接口或茎基部，可致全树死亡；大树发病，初期为长条形或不规则形暗红色病斑，表面湿润，有茶褐色黏液溢出。之后病皮逐渐干缩凹陷，变为黑褐色，表面密生小黑点（黑点小而密可与腐烂病相区别），病健分界处常裂开

二、苹果枝干病害发生规律与防治

(一)苹果树腐烂病发生规律及防治

1. 苹果树腐烂病发生规律

(1)苹果树腐烂病是由弱寄生真菌引起的病害。以菌丝体、分生孢子器和子囊壳在病株残体上越冬。翌春遇雨或高湿条件下，分生孢子器及子囊壳便可排放出大量孢子，通过雨水飞溅随风传播。主要通过伤口侵入，也可从枝干的皮孔和芽眼等处侵入。腐烂病菌是弱寄生菌。一般不能直接进入活细胞中摄取营养，主要从伤口侵入已经死亡的皮层组织，凡是造成树体衰弱的，都可引起腐烂病的发生。

(2)腐烂病菌具有潜伏特性。当其侵入寄主后，处于潜伏状态，当树体或局部组织衰弱，病菌迅速扩展，树体表现症状。腐烂病一年发病具有："夏侵染、秋潜伏、春发病"的规律；症状表现一年有两个发病高峰期。第一个高峰期在3月~4月底。萌芽前后，随气温回升，病斑迅速扩大，是一年危害最严重的时期，成为"春季高峰"，也是全年危害最严重的时期。5月份以后苹果树进入生长期，病菌活动减弱，逐渐转入低潮。第二个小高峰在9~11月，成为"秋季高峰"。11月份后天气渐冷，病菌虽然在树皮下扩散，但速度较慢，12月到翌年2月进入休眠，树体生长停止，抗病能力减弱，病斑又发展。

2. 苹果树腐烂病防治方法

(1)增强树势，提高抗病能力。腐烂病菌是弱寄生菌，具有潜伏侵染的特点。通过合理肥水管理、合理负载和及时防治病虫害，增强树势、提高树体抗病能力，是防治腐烂病的根本措施。

(2)铲除病原，喷药预防。及时清除死树、病枝、残桩和刮除老翘皮并烧毁，减少病菌侵染；冬季树干涂白和早春萌芽前后，全树喷3~5°Bé 石硫合剂或菌立灭2号，可铲除潜伏在树干上的病菌。

(3)定期检查，及时刮治。刮治是防治腐烂病最主要的方法。采取"春季突击刮，坚持常年刮"，彻底刮净病部组织。刮治后，需要用腐必治粉剂50~100倍液、1.8%辛菌胺·醋酸盐水剂200~300倍液、新敌腐和新敌腐2代50~100倍液、甲基硫菌灵糊剂200~300 g/m² 等涂病疤。

(4)减少病菌侵染机会。腐烂病主要通过伤口侵入已经死亡的皮层组织。因此，保护伤口和枝干,免受病菌侵染。

(5)涂干保护法。7 月是苹果树落皮层形成时期,也是腐烂病菌侵染的高峰期。可在 7 月和 12 月对主干、中心干、主枝基部涂药,可减少冬春出现新的病斑。

(二)枝干轮纹病发生规律及防治

1. 发生规律

枝干轮纹病,在病枝上越冬的病菌是该病的主要侵染源。具有潜伏侵染和侵染期长的特点,菌丝在枝干病斑中可存活 4~5 年。自 4 月萌芽至 11 月落叶,轮纹病病菌的孢子都能侵染树体。春天病菌遇雨后即开始大量散发分生孢子,借风雨传播经皮孔和伤口侵入。在苹果开花前仅侵染枝干,花后侵染枝干和果实。一般幼果期完成侵染,但不表现病状,其潜伏期长达 3~4 个月,果实成熟时才开始发病,侵染果实的轮纹病菌全部来自枝干。

2. 防治方法

枝干轮纹病的防治方法可以参照苹果树腐烂病。除此之外,还需要采用以下措施:

(1)加强苗期轮纹病的防治和苗木的调运管理,控制传播源头。

(2)加强栽培管理,增强树势,提高树体抗病能力。

(3)及时剪除干腐病枝、刮除病斑、铲除病瘤等,减少病菌基数。休眠期刮除枝干病瘤或粗翘皮后,可用 10%果康宝涂抹剂作铲除剂。

(4)苹果落花后 10 d,雨后立即选择喷洒 50%多菌灵可湿性粉剂 600 倍稀释液、60%甲基托布津可湿性粉剂 800 倍稀释液、80%大生 M-45 或喷克可湿性粉剂 800 倍稀释液等。其他次喷药应根据前一次药的药效期及降雨程度而决定。雨季上述有机杀菌剂与 1:2~3:240 倍稀释波尔多液交替使用,至果实成熟前 40 d 左右停止喷药。

(5)果实套袋,一般在谢花后 30~40 d 进行,套袋前喷一次杀虫杀菌剂(波尔多液除外,它会污染果面),可有效防治果实轮纹病的发生。

(三)干腐病发生规律及防治

病菌以菌丝体、分生孢子器及子囊壳在病枝干上越冬。翌春产生分生孢子经伤口、皮孔等侵入,借风雨传播。干腐病具有潜伏侵染特性,且寄生力弱,可危害衰弱树和定植后管理不善的幼树。一般在干旱年份和年内的干旱季节发病较重;山地丘陵果园也发病重。

干腐病防治可参考苹果树腐烂病。

三、3 月主要病虫害绿色综合防控要点

(一)刮除老翘皮

对于轮纹病严重或老翘皮多的果园,刮除老翘皮和病皮,刮至露出白绿或黄白皮层为止,刮后立即涂辛菌胺·醋酸盐 30 倍,能减少在枝干上越冬的病菌和害虫(图 1-14)。

图 1 - 14　刮树皮

(二)检查刮治腐烂病

结合刮树皮,检查刮治腐烂病。根据腐烂病发病规律,春季是腐烂病发病的高峰期,也是全年最严重的时期。刮治时坚持"刮早、刮小、刮了"的原则,做到"一铺二切三刮四涂",达到"立茬、露白、梭形"的标准。刮好后,可用 4% 农抗 120 水剂 10 倍液、梧宁霉素 5 倍、1.8% 辛菌胺·醋酸盐水剂 200～300 倍液、3% 甲基硫菌灵糊剂 200～300 g/m² 、新腐迪、新敌腐及新敌腐 2 代原液等任意 1 种药剂涂抹病疤,涂药应超出病疤外围 5～8 cm(图 1 - 15、图 1 - 16)。

图 1 - 15　刮腐烂病

图 1 - 16　腐烂病斑涂药

(三)继续清园

1. 清园

对于冬季没有清园的果园,应做好花前清园工作,清扫落叶、烂果、病虫枝、杂草、烂物,并集中烧毁(图 1 - 17)。

清扫园林前　清扫园林后

图 1 - 17　清扫果园

2. 喷石硫合剂

喷 3~5°Bé 石硫合剂，以清除腐烂病、干腐病、轮纹病、白粉病、叶螨、蚜虫、介壳虫、卷叶蛾、潜叶蛾等越冬的病虫，起到防虫、防病、防螨的作用。喷洒石硫合剂时，不仅树上喷，树下及周边护栏、柏树都要喷上药液（图 1-18、图 1-19）。

图 1-18 熬制石硫合剂   图 1-19 喷石硫合剂

另外，对于小叶病严重的果园，应加喷一次 1%~2% 硫酸锌。

3. 翻树盘

常言道"深刨一次盘，胜上一茬粪"。翻树盘，除了壮树，还能消灭土壤中越冬的害虫和病菌（图 1-20）。

图 1-20 翻树盘

四、学(预)习记录

熟悉苹果 3 月主要病虫害诊断和识别及防治措施，填写表 1-13。

表 1-13 3 月苹果主要病虫害诊断识别与防治技术要点

序号	项目：识别与防治技术要点		
1	枝干轮纹病	识别要点	
		防治要点	
2	干腐病	识别要点	
		防治要点	
3	腐烂病	识别要点	
		防治要点	

一、实施准备

准备工具材料见表1-14。

表1-14 3月病虫害防治技术所用的工具、材料

项目：病虫害防治技术				
种类	名称	数量	用途	图片
材料	果园	1个	实施场所	
	生石灰	按需而定	涂白剂配料	
	石硫合剂原液	按需而定	喷施药剂和涂白剂配料	
	食盐	按需而定	涂白剂配料	
	食用油	按需而定	涂白剂配料	
	辛菌胺·醋酸盐	按需而定	腐烂病刮治涂抹药剂	
	甲基硫菌灵糊剂	按需而定	腐烂病刮治后涂抹药剂	
	农抗120	按需而定	涂抹枝干病药剂	
	新敌腐	按需而定	涂抹枝干病药剂	
	新腐迪	按需而定	涂抹枝干病药剂	
	水	按需而定	涂白剂和配药液所用	
工具	喷雾器	1个/组	喷洒农药	

项目：病虫害防治技术				
种类	名称	数量	用途	图片
工具	刷子	1个/组	刷涂药液工具	
	铁锹	2把/组	翻树盘所用工具	
	放大镜	2个/组	检查病虫所用工具	
	塑料布	1.5 m²/组	放在树下，接纳刮下的树皮	
	刮刀	1个/组	刮治腐烂病工具	
	塑料桶	2个/组	盛水和配药液	

二、实施过程

(一)识别苹果树腐烂病及刮治方法

1. 观察苹果树腐烂病症状

发病枝干，注意是主干、大枝、小枝、枝杈等。春季病斑形状、颜色、边缘是否清晰，组织是否松软，有无黄褐色汁液流出，是否有酒糟味，后期病部是否干缩下陷，病健交界处裂开，病皮上有无小黑点，有无黄色有黏性的卷须状孢子角，小枝条发病，病斑形状是否规则，环绕枝干一周后是否造成枝条枯死，后期病部有无小黑点。

2. 腐烂病刮治方法

按照"一铺二切三刮四涂"步骤，达到"立茬、露白、梭形"的标准，刮治腐烂病。

(二)识别苹果干腐病及刮治方法

(1)观察苹果干腐病病枝，初期病斑颜色、形状、是否有茶色黏液溢出，后期病皮是否干缩凹陷、变为黑褐色，表面是否密生小黑点，病健分界处是否裂开，病部以上枝条是否枯死。

(2)干腐病刮治方法与腐烂病相同。

(三)识别苹果枝干轮纹病及刮治方法

(1)发病枝干是否以皮孔为中心形成近圆形或不规则形褐色病斑，病斑中心是否有疣状凸起，质地是否坚硬，边缘是否开裂，形成环状沟，对于多年生病斑是否裂纹加深，病组织翘起呈"马鞍状"，病斑表面是否产生小黑点。观察多个病斑连在一起形成的粗皮。

(2)进行轮纹病粗皮刮治，刮到"露绿不露白"为准，将刮下病皮收纳集中烧毁。刮后及时涂药(腐烂病药剂)。

(四)树干涂白

原料、配方及刷涂方法同初冬。

(五)清园

以小组为单位，清扫落叶、烂果、病虫枝、杂草、烂物，并集中烧毁。

(六)翻树盘

以小组为单位，先将树盘深翻1铁锹深，再修20～30 cm高整树盘埂，根据地势修成圆形或半圆形，最后将树盘埂拍实拍光，以利于接纳雨水。

(七)树上喷施石硫合剂

(1)穿好防护服和胶鞋、戴好口罩和手套。
(2)根据所学知识，正确测量石硫合剂原液浓度，记录下来。
(3)按照石硫合剂质量稀释法计算公式，配置5°Bé石硫合剂药液15 kg。
(4)按照农药二次稀释方法，将计算好的农药和水量加入喷雾器中。
(5)进行喷施药液，注意均匀细致周到。

(八)思考反馈

1. 苹果枝干轮纹病识别要点有哪些?

2. 描述苹果树腐烂病症状。

3. 腐烂病刮治方法步骤有哪些?

4. 3月苹果园病虫害防治主要技术措施有哪些?

📋 任务评价

小组名称		组长		组员				
指导教师		时间		地点				
评价内容				分值	自评	互评	教师评价	
态度(5分)	能按任务要求,按时高质量完成各项任务,团结互助,精益求精			5				
技能操作 (95分)	会正确诊断腐烂病、干腐病、轮纹病症状识别			15				
	能按照要求完成腐烂病、干腐病、轮纹病刮治任务			35				
	能按要求高质量完成清园、涂白			15				
	能按要求进行防护;能正确进行石硫合剂稀释计算;能按要求喷施石硫合剂,细致周到			30				
各项得分								
总分								

项目二　4月苹果管理技术

节气：清明、谷雨。

物候期：显蕾、花序分离、开花、新梢旺长、坐果。

管理要点：花前复剪、防御霜冻、促进坐果、合理留果和防治病虫害等。

任务一　花前复剪技术

 任务描述

此期温度开始升高，树液流动加快，树体开始生长，花序分离、开花、坐果及春梢开始生长。特别是花期所消耗的养分，主要是利用树体上年秋季的储备营养，为了减少消耗，促进坐果，要在能确认花芽时进行细致的花前复剪。

任务目标

知识目标：了解花前复剪的重要性；熟悉花前复剪的操作要点及注意事项；掌握此技术在生产中的指导作用。

能力目标：能结合操作要点完成花前复剪。

素质目标：养成科学严谨的工作态度和一丝不苟的工作作风；培养善于观察、善于思考的能力。

知识储备

花前复剪的对象主要是幼壮树、盛果期大树园、大小年结果树；发生冻害、雹灾、雪灾、水灾和严重落叶病的果园。具体有以下几种。

一、抹芽

(一)抹芽的意义

抹芽能大大减少贮藏营养的无效消耗，节约养分，改善通风透光条件，有利于花芽的分化，翌年的花芽数量多，花芽饱满，坐果率高，能提高第二年苹果的产量和质量。抹芽要"抹早、抹小、抹了"。

（二）抹芽的时间

果树萌芽后开始抹芽，生长期均可进行。一般以春季抹芽为主。

（三）抹芽的对象

（1）春天苹果树发芽以后，对于剪口、锯口冒出来的芽，选择角度、方位、空间比较好的一个保留，余下的全部抹掉。无空间则全部抹除。

（2）对于没有生长空间的芽，全部抹掉，可以减少养分无效消耗，改善通风透光条件，提高坐果率。

（3）对于小主枝上距离中心干20 cm以内的背上芽，不论稀密一律抹掉。

（4）小主枝上距离中心干20 cm以外的背上芽，稀处保留控制利用，密处也要抹掉。背上芽容易形成徒长枝，消耗养分大，影响内膛通风透光。

（5）抹掉主干离地面70 cm以下的芽。特别是新栽的当年生幼树离地面70 cm以下的芽及时抹掉，节约树体养分，促进保留芽的健壮生长（图1-21）。

图1-21 抹芽对象

二、短截

花前短截生长强的枝条，能提高萌芽率，抑制先端生长，具有明显的控前促后的作用。

（1）花量少的树，对于处在生产优势部位的旺枝（无花或有花而无果），应轻剪已萌发的前端一小部分，控制顶端伸长，缓和生长势，刺激侧芽萌发成枝，促进成花。

(2)对于萌芽率高、成枝力低的品种(如短枝型),为了促发长枝,培养结果枝组,提高产量和保持健壮树势,应适当短截,促发长枝。

三、及时疏花(蕾)

按 1:(3~4)花叶枝比或 16~20 cm 选留健壮花序间距疏蕾,花序分离期至开花前再保留中心花和 1~2 个发育好的侧花,将多余的侧花和腋生花序全部疏除,用来调节花量,减少树体养分消耗。

四、学(预)习记录

熟悉花前复剪技术,填写表 1-15。

表 1-15 花前复剪技术的要点

序号	项目		技术要点
1	抹芽	时间	
		意义	
		对象	
2	控前促后		
3	及时疏花		

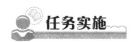
任务实施

一、实施准备

准备工具材料见表 1-16。

表 1-16 花前复剪技术所用的工具、材料

实训项目:花前复剪技术				
种类	名称	数量	用途	图片
材料	不同树龄果树	N 棵	实施对象	
	创可贴	1 片/人	预防受伤	
工具	手套	N 双	预防受伤	
	修枝剪	1 把/人	修剪工具	

二、实施过程

任务实施过程中,学生要合理安排时间,根据教师示范操作要点规范操作,分工合

作完成。

(一)小组分组

以 2 人/组为宜。

(二)实施流程

教师讲解——教师示范——学生代表示范——学生点评——教师点评——分组实践。

(三)实践操作

按照花前复剪技术要点进行分组实践，每组完成 60 株以上。

(四)思考反馈

1. 简述抹芽的时间。

2. 简述抹芽的意义。

3. 简述抹芽的对象。

4. 举例说明抹芽技术。

🖿 任务评价

小组名称		组长		组员			
指导教师		时间		地点			
评价内容				分值	自评	互评	教师评价
态度(20分)	遵纪守时，态度积极，团结协作能力			20			
技能操作 (60分)	抹芽对象确定适宜			10			
	抹芽是否彻底			10			
	是否达到抹芽要求			10			
	操作手法的灵活程度			10			
	爱护工具，注意安全			10			
	操作方法是否得当			10			
创新能力(20分)	发现问题、分析问题和解决问题的能力			20			
各项得分							
总分							

任务二 花期霜冻防御技术

任务描述

苹果花期，正值冷空气入侵频发、昼夜温差大并与晚霜期时有相遇的时候，果树花期霜冻成了一种最常见的农业气象灾害。如花期霜冻得不到有效预防，轻者减产20%，重者甚至绝产。苹果花一旦遭受霜冻，当年的收益肯定大大减少，对果农来说是重大的损失，因此，认识果树花期霜冻带来的危害，并采取有效的预防措施是十分必要的。

任务目标

知识目标：了解花期霜冻类型；熟悉霜冻危害症状、危害规律；掌握灾害预防和处置措施。

能力目标：根据灾害发生规律与影响因素，分析并采取相应灾害防御办法；能在灾后采取应急处置措施。

素质目标：增强安全防范意识；培养发现、分析和解决问题的能力，树立职业自豪感。

知识储备

苹果花期霜冻是我国北方苹果产区重要的气象灾害，在西北黄土高原和环渤海湾产区经常发生。近30年来，全球气候变暖的趋势愈加明显，发生"倒春寒"现象的频率进一步加剧，此时正值苹果花期，冻害对花器官和幼果的损伤极大，造成减产或绝产，花期霜冻已成为影响苹果产业可持续发展的重大威胁。据统计，近20年来我国苹果主产区每2～3年便会遭受一次危害较轻的花期霜冻灾害，每3～5年遭受一次危害较严重的花期霜冻灾害，须引起高度重视。

一、花期霜冻类型

依其成因，花期霜冻可分为平流型霜冻、辐射型霜冻和混合型霜冻3类。

（一）平流型霜冻

平流型霜冻是指由外来强冷空气直接侵入引起剧烈降温而产生的低温危害。在延安甚至西北地区由西伯利亚的冷空气侵入（俗称寒流），平流型霜冻发生时常伴有大风、强风，具有外来低温源、危害范围广、持续时间长（一般3～4 d）、温度低等特点。其显著特点是降温幅度大，一般降温幅度为－3～－9 ℃，严重时达－10 ℃，造成的冻害面积大。

(二)辐射型霜冻

在自然中冷空气下降,热空气上升,夜间土壤辐射散热会使冷空气大量聚集在某地方或地面而引起低温危害。这种地面辐射散热引起空气下沉聚集的低温危害称为辐射型霜冻。辐射型霜冻多发生在夜间晴朗天气,热量辐射大。其特点没有外来低温源、局部性强、辐射时间短(一般几个小时,有时也可能连续在几个晚上出现)、危害程度小。降温幅度小,多在-1~-2 ℃,危害较轻,多发生在地势低洼、冷空气易聚集的通风不良地块。

(三)混合型(平流辐射型)霜冻

混合型霜冻是指平流霜冻和辐射霜冻的共同作用引起的霜冻。一般为先有冷空气侵入,温度显著降低,晚上地面辐射散热冷空气下沉聚集在地面。混合型霜冻具有外来低温源、危害范围最大、持续时间长、温度低等特点。造成的冻害面积更大,影响范围最大,对苹果生产的危害相当严重。特别是冷空气聚集地快冻害最重。

西北黄土高原产区,花期霜冻多为混合型霜冻,危害范围广,降温幅度大,地区间差异小,受害较重。在延安多为混合型霜冻,果园冻害较重。渤海湾苹果产区花期霜冻多为辐射型霜冻,危害范围小,降温幅度小,受害较轻。

二、霜冻危害

花期霜冻对苹果开花及坐果危害程度重。由于严冬过后,树体已解除自然休眠,逐步进入生长发育初期,各器官抵御寒害的能力锐减,当异常升温3~5 d后突然遇到强寒流袭击,更易受害。

(一)花芽冻害

在花芽萌动期至花芽膨大期遇到剧烈降温,会发生霜冻,一般萌动的花芽最易受冻,萌发程度越高霜冻越重。在萌动的花芽遇-6 ℃以下低温、低温持续时间在5 h以上即可受冻。花芽受冻鳞片松散、色变淡灰褐色、无光泽,会导致开花延迟。严重者鳞片干缩,花芽基部形成离层,手触即落,不能正常开花。更严重者芽内花原基受冻变淡褐色,雌雄蕊发育不能正常发育,影响受精和坐果。

(二)花器官冻害

苹果花器官抗寒力最差,苹果在花蕾期-3.9 ℃、花期-2.2 ℃~-2.8 ℃,持续时间在30 min以上低温就会受冻。特别是雄蕊和雌蕊抗寒力更差,遇-0.5 ℃以下低温轻微受冻,遇-1.5 ℃以下低温、持续30 min以上即可受冻,雄蕊和雌蕊受冻后变成由米黄色变淡褐色至黑褐色,最后失水干缩。因此,当天开放的花最容易受冻。

遇-2.8 ℃以下低温、持续30 min以上子房受冻,子房变成淡褐色,横切面中央的心室和胚珠变成黑色。遇-5 ℃以下低温、持续30 min以上子房、花托受冻,子房和花托在当天上午 7 时结冰变硬，下午后皱缩，花梗基部产生离层而脱落。花期发生霜冻轻时表现为花瓣组织轻微结冰变硬，回暖后花瓣变成灰褐色，逐渐干枯、脱落。因此，受精的花器较雌蕊耐低温冻害。

(三)幼果冻害

幼果期遇 $-2.8\ ℃$ 以下低温、持续 30 min 以上幼果果皮受冻，果实生长后期果面形成淡棕色木栓层，往往在果实萼洼处受冻明显，多呈环壮，俗称"霜环"。较为严重者果肉受冻，受冻处生长受阻形成畸形小果。幼果遇 $-5\ ℃$ 以下低温、持续 30 min 以上幼果当天上午 7 时结冰变硬，下午后皱缩变软，果梗基部产生离层而脱落或变成僵果不脱落。

三、霜冻发生规律与影响因素

(一)发生规律

如果冬季气温偏高，尤其是 2 月气温高于常年，呈现明显暖冬现象；加上 3 月或 4 月初气温偏高，活动积温高，导致苹果物候期提前，极易发生花期霜冻。我国处于北半环，受西伯利亚冷空气控制和影响，每年 3～4 月当地气温回升后都有不同程度的西伯利亚寒流侵入，极易发生低温冻害。

(二)影响因素

花期霜冻的发生与低温持续时间、低温程度、天气条件和果园地势等息息相关。特别是寒流侵入及持续时间长是霜冻发生的主要因素。

1. 天气条件

在晴朗、无风、低湿的条件下容易发生霜冻。雨少时霜冻严重，雨多时霜冻则轻。寒流侵入易发生霜冻。

2. 地形、地势

洼地和山谷霜冻严重。对于山坡来说，迎风坡比背风坡霜冻重；山脚比山顶霜冻重；南坡比北坡霜冻重；西坡及西南坡比东坡及东南坡霜冻轻；陡坡缓坡霜冻轻；梯田外埂比内埂霜冻轻。延安属于黄土高原沟壑丘陵区，沟壑纵横，一般海拔在 1 200 m 以上没有霜冻，低于 800 m 以下的区域在大沟边、大河两边、寒流交汇处、河川地受冻十分严重。延安境内东部地区比西部霜冻轻，南部比北部霜冻轻。

3. 土壤条件

土壤干松的沙土霜冻较重，土壤湿润的黏土霜冻危害较轻。地面覆盖、土壤有机质含量高霜冻较轻。

四、灾害预防

(一)提高树体抗寒性

1. 喷营养液

落叶前 20 d 先后喷 0.8％尿素＋0.4％磷酸二氢钾＋0.3％硼砂＋0.2％硫酸锌混合营养液或多元素水溶肥 0.5％，每 7 d 喷 1 次，连喷 3 次，特别是采果后喷 2 次营养液，增强光合作用，增加树养分积累，能明显提高树抗寒性；萌芽前喷 3％～5％尿素＋0.3％磷酸二氢钾＋寡聚糖或多元素水溶肥 0.5％，每 7 d 喷 1 次，连喷 3～4 次，显著提高树体抗冻性。

2. 喷防冻剂

在萌芽后喷果树防冻液加 PBO 液 50～100 倍液或防冻剂；也可喷自制防冻液：琼脂 8 份＋甘油 3 份＋红糖 43 份＋蔗糖 45 份＋其他营养素(包括肥料、植物激素等)2 份＋清水 5 000 份，先将琼脂用少量水浸泡 2 h，然后加热溶解，再将其余成分加入，混合均匀即可。每 7 d 喷 1 次，连喷 2～3 次，特别在冻害发生前 1～2 d 喷 1 次效果更佳。

3. 喷生长调节剂

用 6％寡糖＋0.01％芸苔内脂乳油 800 倍＋4％腐殖酸＋0.4％硼砂配成营养液，在花蕾期(3 月下旬)、初花期(4 月上旬)、幼果期(5 月中旬)各喷一次，增加花芽细胞液浓度，降低冰点，增强芽内细胞活性，增强树体抗性，能有效地缓减霜冻，提高坐果率 30％以上。特别在强冷空气来临前 1～2 d 喷 1 次效果更佳。

(二)延迟发芽，避免霜冻

1. 早春树干涂白或喷白

早春对树干、骨干枝进行涂白，涂白剂的配方：生石灰 10 份＋食盐 1～2 份＋纤维素(水溶性乳胶)1～2 份＋水 30 份；也可以用 10～20 倍液的石灰水喷布树冠，以反射光照、减少树体对热能的吸收，降低树体温度，可推迟 3～4 d 萌芽。

2. 春季灌水

有条件的果园，在苹果萌芽前全园灌水 2～3 次(延安 2 月下旬开始)，地面稍干即可再灌水，每次灌水量渗透土壤 30 cm 以下，显著降低果园地温，可推迟 3～5 d 萌芽。

3. 喷激素

在发芽前(延安 2 月中旬)全树喷 1 次 0.1～0.2％青鲜素或 0.005％萘乙酸钾盐。在萌芽初期(延安 3 月上旬)喷 1 次 0.5％氯化钙，推迟发芽 3～5 d。通过推迟萌芽开花来避开晚霜冻害。

(三)改善果园的小气候

1. 加热法

加热防霜是现代较先进而有效的方法。在果园内每隔一定距离放置一个加热器，在发生霜冻前点火加温，使下层空气变暖而上升，而上层原来温度较高的空气下降，在果树周围形成暖气层，一般可提高温度 3～5 ℃。

2. 熏烟法

熏烟法在花序分离期至晚霜结束前进行。3 月下旬至 5 月上旬，据天气预报当天晚上有寒流来临时，当气温下降 0～1 ℃时，采用防冻窖熏烟、烟雾发生器、烟雾剂进行果园熏烟，防止冷空气下沉，可提高气温 3～5 ℃，有效地防止晚霜冻害。

(1)烟雾剂。用 3 份硝酸铵＋10 份锯末＋3 份柴油，充分混合均匀而成。在果园挖 30 cm 深、50 cm 长、40 cm 宽的坑，将烟雾剂均匀撒在坑内。厚约 20 cm，每亩地分散设置 4～6 坑。烟雾剂不能压实或过厚，以防爆炸。如果出现明火时撒少量细土来灭火。

(2)防冻窖熏烟法。延安地区土炕式防冻窖熏烟法(图 1－22)简单易行、可重复利用、产烟量大、持续时间长，取材方便，成本低，是目前运用效果较好的方法。防霜效果好，很值得推广。防冻窖熏烟法：挖长 1.5 m、宽 1.5 m、深 1.2 m 的方坑或直径为 1.5 m、深 1.2 m 的圆坑，每亩 4～6 个。在窖底挖一个 0.3 m 宽的通风道，底层垫一层厚 10 cm 的易燃秸秆，再垫一层厚 20 cm 较细的果树枝条，并铺平、踩实。再用粗一点的枝将剩余的空间填满踩实，最后用牛羊粪、锯末和成稠泥封顶。燃烧时产生大量烟雾。防冻窖设置在上风口，在果园内呈梅花式分布。

图 1－22 防冻窖

五、灾后应急处置措施

(一)灾情调查

霜冻过后，应迅速组织对产区果园树体健康状况的全面检查，全面评估霜冻对果树的组织、器官所产生的影响、灾害程度，针对实际受灾情况提出具体应对方案，尽可能将灾害损失降至最小。

(二)叶面喷肥，补充营养

用 6％寡糖＋0.01％芸苔内脂乳油 800 倍＋4％腐殖酸＋0.4％硼砂＋0.2％～0.3％硼砂＋硅钙镁钾配成营养液，采取叶面喷施补充树体营养，促进花器官发育和机能恢复，促进授粉受精和开花坐果。

(三)保花保果，促进坐果

1. 人工授粉、保证坐果

苹果授粉方法可分为昆虫授粉和人工授粉两种。

(1)昆虫授粉。苹果花有蜜腺能有效吸引蜜蜂吸食采集。蜜蜂采集时，身体上会沾满花粉，沾满了多个不同品种花粉的蜜蜂将花粉传到雌蕊从而达到传粉受精目的。于初花期(4 中旬至 5 月上旬)，在果园每 4 亩放一箱蜜蜂，也可放养壁蜂。

(2)人工授粉。人工授粉根据使用方法不同，可分为人工点授法、喷粉法和喷雾法三种

①人工点授法：当苹果树中心花开至 30%时，在当天上午进行点授，将准备好的花粉混入 3～5 倍的滑石粉或淀粉做填充剂，用毛笔、橡皮铅笔头、香烟过滤嘴等蘸取花粉，点授需要授粉中心花雌蕊的柱头。也可摘取授粉树的当天开放的花朵，去除花瓣，露出雄蕊，涂抹被授粉树的当天开放花朵的柱头(雌蕊)，每个花朵可点授 5～8 朵花。人工点授法坐果率虽然高，但是费时费力。

②喷粉法：大面积果园适用喷粉法，当苹果树中心花开至 30%时，将苹果花粉加入 10～50 倍的滑石粉或淀粉，搅拌均匀后用喷粉机在树上喷施。喷雾法可连续 3 d，每天一次，随配随喷。喷粉时避开大风天气。

③喷雾法：按 5 kg 水＋15 克硼砂＋250 克红糖＋15～20 克干花粉的比例调配悬浊水溶液进行喷雾。在果园有 30%以上的苹果树中心花开放时进行。喷雾法可连续 3 d，每天一次，随配随喷。

2. 停止疏花、延迟定果

发生霜冻灾害的苹果园，应立即停止疏花，以免造成坐果量不足；定果推迟到幼果坐定以后进行，定果力求精细准确，必要时每花序可保留 2～3 个果实，以弥补产量不足，确保良好的产量和经济效益。

3. 喷营养液

花期受冻后，在花托未受害的情况下，喷布芸薹素、硅钙镁钾微量元素或硼砂和钼酸钙等营养液，可提高坐果率，能弥补一定产量损失。

(四)加强土肥水综合管理，促进果实发育

霜冻发生后及时灌水，有利于根系对水分吸收，从而达到养根壮树的目的，使树体尽快恢复生长。及时施用复合肥、硅钙镁钾肥、土壤调理肥、腐植酸肥等，促进果实发育，增加单果重，挽回产量。加强土壤管理，促进根系和果实生长发育，以减轻灾害损失。

(五)加强病虫害防控

主要是及时防止金龟子、蚜虫、花腐病、霉心病、黑点病、腐烂病等危害果实和花朵的病虫害，以免进一步影响产量。

六、学(预)习记录

熟悉花期霜冻防御技术，填写表 1-17。

表 1-17 花期霜冻防御技术的要点

序号	项目		技术要点
1	灾害预防措施		
2	灾后应急处置措施		

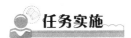
任务实施

一、实施准备

准备工具材料见表 1-18。

表 1-18 保花技术所用的工具、材料(可以按组填写)

实训项目：花期霜冻、防御技术				
种类	名称	数量	用途	图片
材料	不同树龄果树	N 棵	实施对象	
	石灰	按需而定		
	树叶、材禾、麦糠	按需而定	
	硕丰 481	按需而定		
	微补硼力	按需而定		
	木屑	按需而定		
	煤油	按需而定		

实训项目：花期霜冻、防御技术				
种类	名称	数量	用途	图片
工具	铁锹	2 把/组	挖土行	
	修枝剪	1 把/人	修剪工具	

二、实施过程

任务实施过程中，学生要合理安排时间，根据教师示范操作要点规范操作，分工合作完成。

(一)小组分组

以 4 人/组为宜。

(二)实施流程

教师讲解——教师示范——学生代表示范——学生点评——教师点评——分组实践。

(三)实践操作

按照花期霜冻防御技术要点进行分组实践，每组完成 60 株以上。

(四)思考反馈

1. 简述预防晚霜冻的措施。

2. 简述预防花期自然灾害的措施。

3. 简述人工授粉的要求。

4. 简述人工授粉的方法。

任务评价

小组名称		组长		组员				
指导教师		时间		地点				
评价内容				分值	自评	互评	教师评价	
态度(20分)	遵纪守时，态度积极，团结协作能力			20				
技能操作 （60分）	喷肥种类和浓度是否准确			10				
	涂白剂的配方是否正确			10				
	操作手法的灵活程度			10				
	爱护工具，注意安全			10				
	人工授粉操作方法是否得当			10				
创新能力(20分)	发现问题、分析问题和解决问题的能力			20				
各项得分								
总分								

任务三　病虫害绿色防控技术

任务描述

　　根据苹果病虫害发生规律，4 月是防治白粉病、霉心病、叶螨、顶梢卷叶蛾、金龟子等的关键时期，也是进行春季第二次检查刮治腐烂病的关键时期。同时继续涂白，以预防花期霜冻。

任务目标

　　知识目标：熟悉 4 月苹果树主要病虫害种类及发生规律；掌握 4 月苹果主要病虫害绿色防控措施。

　　能力目标：能正确诊断和识别白粉病、霉心病、叶螨、金龟子、顶梢卷叶蛾等；会对 4 月腐烂病、白粉病、霉心病、金龟子和顶梢卷叶蛾等主要病虫害进行综合防治措施，达到较好的防控效果。

　　素质目标：养成严谨治学的态度和善于分析问题、解决问题的能力；培养规范操作的职业道德；树立绿色防控理念，增强安全教育意识和社会责任意识。

🖳 知识储备

一、继续检查刮治腐烂病和涂白

4月进行春季第二次检查腐烂病，剪除腐烂病病枝，刮除腐烂病和干腐病病疤，防止病菌扩展蔓延，检查刮治腐烂病与3月刮治腐烂病的方法相同。对于腐烂病病疤较大的，还要进行桥接补救(图1-23、图1-24)。对于2～3月树干没有进行二次涂白的果园，应继续涂白，以防霜冻(图1-25)。

图1-23　刮治腐烂病　　　　　　　图1-24　剪除腐烂病病枝

图1-25　春季涂白

二、白粉病识别与防治

(一)白粉病危害症状识别

白粉病主要危害芽、叶片、枝梢、花器和果实，病部布满白粉是此病的主要特征。白粉病的危害症状为：冬芽受害茸毛稀少，呈灰褐色，干瘪尖瘦，鳞片松散，萌发较晚；花芽不能开放，严重时未萌发即枯死；从病芽抽出的新梢，生长缓慢；叶片及嫩茎表面布满白粉，节间缩短，叶片狭长，干枯脱落；花器被害，花器的萼片及花梗畸形，花瓣黄绿色狭长，萎缩，不能坐果(图1-26)；幼果被害，萼洼处产生白粉，后形成锈斑，严重时形成裂口或裂纹。

图 1-26 白粉病危害症状

(二)病原及发生规律

苹果白粉病的病原属于子囊菌亚门,核菌纲,白粉菌目,叉丝单囊壳属。以菌丝体在芽鳞、芽痕等部位越冬,其中顶芽带菌率最高。春季叶芽萌动时,越冬菌丝开始活动,产生分生孢子借气流(风)传播侵染嫩叶、新梢、花器及幼果,病菌芽管可直接入侵寄主细胞,潜育期为3~6 d。春季温暖干旱有利于前期病害的发生和流行。4~5月,春梢旺盛生长期是白粉病第一次发病盛期,春季重于秋季;9月秋梢出现时为第二次发病高峰期;10月以后很少侵染。通常富士、国光易感病。

(三)防治方法

(1)加强栽培管理,提高抗病力。

(2)减少病原。检查白粉病,剪除病枝、病梢和病花序,装入塑料袋,并带出果园烧毁。

(3)药剂防治。发芽前树体喷3~5°Bé石硫合剂。一般果园,露红期喷第一次药,落花后7~10 d喷第二次药。可喷4%农抗120水剂600~800倍液、10%多抗霉素可湿性粉剂1 000~1 500倍液、25%嘧菌酯+10%苯醚甲环唑连袋1 000~1 500倍液、62.25%锰锌·腈菌唑可湿性粉剂600~800倍液、25%腈菌唑可湿性粉剂4 000~5 000倍液;10%苯醚甲环唑可湿性粉剂2 000~3 000倍液等。

三、霉心病识别与防治

苹果霉心病又名心腐病、苹果霉腐病,为苹果果实生长前期、采收期、贮藏期的主要病害之一。全国各个苹果产区均有发生,北斗、斗南、元帅系等受害较重,随着富士苹果套袋,霉心病也随之发生。

(一)症状

苹果霉心病主要危害果实,引起果心腐烂。剖开病果,可见心室出现灰绿色、黑褐色、粉红色、白色等颜色各异的霉状物。霉心病有霉心和心腐2种症状。其中,霉心症状为果心发霉,但果肉不腐烂;心腐症状不仅果心发霉,而且果肉也由里向外腐烂,病组织及其附近果肉味苦。多数病果外观不表现明显症状,不易被发现。

（二）发生规律

苹果霉心病属于由多种弱寄生菌组成的复合型的真菌病害。以菌丝和分生孢子在苹果枝干、芽等多个部位存活。苹果开花后，病菌以孢子借气流传播，经花柱侵入，通过萼筒进入心室，以孢子潜伏于果心内，随着果实的发育，霉菌开始增殖。以苹果的花期侵染率最高，坐果期侵染率次之，幼果膨大期再次。因此，花期和幼果期是防治霉心病的关键时期。

（三）防治方法

（1）清除菌源，冬季剪除树上腐枝、病果及落地僵果，集中烧毁。
（2）尽量避免红富士与新红星同园种植。
（3）不采用新红星花粉为红富士授粉。
（4）萌芽前，结合其他病虫害喷 3～5°Bé 石硫合剂，铲除树体上的病菌。
（5）开花前及 80％落花可喷 3％中生菌素（克菌康）1 000 倍液等生物农药，3％多抗霉素可湿性粉剂 600～800 倍液，3％中生菌素（克菌康）水剂 400 倍液，喷药时加入 0.2％硼砂，效果更好。

四、苹果叶螨识别与防治

苹果叶螨属于蛛形纲蜱螨目叶螨科，主要危害苹果、梨、山楂、桃、李、杏等，均以成螨、幼螨和若螨刺吸果树嫩芽、叶片汁液，大发生期也危害果实。在我国北方，叶螨主要有山楂叶螨、苹果全爪螨、苜蓿苔螨、二斑叶螨（又称黄蜘蛛或白蜘蛛）4 种，在园艺植物上常混同发生，不同地区或果园常以 1 种或 2 种为主，其中山楂叶螨分布最广，危害最重，全年危害时间最长。下面以山楂叶螨（山楂红蜘蛛）为主介绍。

（一）形态识别

成螨，体椭圆形，体背隆起，两侧有明显的墨绿色斑，背上着生细长纲毛，无毛瘤，冬型鲜红色，夏型暗红色；卵，圆球形，黄色半透明，多产于叶背，悬挂于蛛丝上；幼螨，初孵圆形、乳白色，取食后为淡绿色；若螨，形似成螨。

（二）发生规律

以雌成螨在主干树皮裂缝、根际周围土壤缝隙、伤疤周围等处越冬。第二年苹果花芽萌动期，越冬螨开始出蛰，花序分离期为出蛰盛期，落花后出蛰结束。成螨出蛰后，先爬到花芽上取食，展叶后，爬到叶背面危害并产卵。第二代出现世代重叠。6～8 月，是雌成螨发生盛期，9～10 月开始越冬。高温干旱有利于叶螨的发生。

（三）防治方法

（1）萌芽前刮除翘皮、粗皮，并集中烧毁，消灭越冬虫源。
（2）萌芽前喷 3～5°Bé 石硫合剂。

（3）出蛰期选用8％阿维·哒螨灵2 000倍液。

（4）生长期选用25％三唑锡可湿性粉剂1 000～1 500倍液、73％炔螨特乳油2 000～3 000倍液、24％螺螨酯悬浮剂4 000～6 000倍液、22％阿维·螺螨酯悬浮剂6 000～7 000倍液。

（5）保护和利用天敌草蛉、瓢虫、捕食螨等。

五、顶梢卷叶蛾识别与防治

（一）形态识别

成虫体长6～8 mm，全体银灰褐色。前翅前缘有数组褐色短纹；基部1/3处和中部各有一暗褐色弓形横带，后缘近臀角处有一近似三角形的褐色斑，此斑在两翅合拢时并成菱形斑纹；近外缘处从前缘至臀角间有5～6条黑色平行短纹。幼虫老熟时体长8～10 mm，体污白色，头部、前胸背板和胸足均为黑色。

（二）危害特点

幼虫专害嫩梢，吐丝将数片嫩叶纠缠呈疙瘩状，并刮下叶背茸毛作成包囊，幼虫潜藏入内。春苹果花芽展开时，越冬幼虫开始出来，危害春梢，食去顶芽、新梢生长外向一侧，冬天也不脱落，极易识别（图1-27）。

图1-27　顶梢卷叶蛾危害状

（三）发生规律

一年发生2～3代，以2～3龄幼虫在枝梢顶端卷叶团中越冬。5月中下旬幼虫老熟，在卷叶中作茧化蛹；6月下旬至7月下旬第一代幼虫危害春梢；8月至9月底，第二、三代幼虫危害秋梢；10月上旬以后幼虫越冬。成虫具有趋化性和趋光性。

（四）防治方法

顶梢卷叶蛾防治应以人工防治为主，药剂防治为辅。

（1）人工捕杀幼虫。彻底剪除虫枝梢集中烧毁。

(2)诱杀成虫。利用黑光灯、糖醋液和性诱剂等诱杀各代成虫。

(3)保护利用自然天敌。

六、金龟子识别与绿色防控

(一)金龟子危害症状及成虫形态识别

观察苹毛金龟子成虫形态特征。体长 10~12 mm，头及前胸背板呈紫铜色，鞘翅茶褐色，半透明有光泽，可看到两鞘翅形成 V 形，体周有白色绒毛。将花蕾、花瓣、雌蕊和雄蕊吃成缺刻或吃光。

观察黑绒金龟子成虫形态特征。体长 8~9 mm，全体黑色，密生细绒毛，鞘翅上密生小刻点。将叶或花瓣吃成缺刻。

(二)发生规律

苹毛金龟子 1 代/年。以成虫在土中越冬，3 月下旬开始出土活动，4 月危害最严重，5 月中旬成虫活动停止，4 月下旬至 5 月上旬为产卵盛期，5 月下旬至 6 月上旬为幼虫发生期，8 月中下旬是化蛹盛期，9 月中旬开始羽化，羽化后不出土，在土中越冬。成虫具有假死习性，无趋光性，一般先危害杏，后危害梨、苹果和桃等(图 1-28)。

图 1-28　苹毛金龟子危害花

(三)金龟子绿色防控技术

对于食花金龟子，可以采用以下方法。

(1)人工捕杀。利用成虫假死习性，早晚摇树，树下用塑料布接虫，集中消灭。

(2)糖醋液诱杀，按红糖：醋：酒：水＝6：20：3：80 配制糖醋液，将配好的糖醋液装在一次性塑料碗中或半截矿泉水瓶中，挂在树上。

(3)成虫初发期在树盘撒毒土，用氯吡硫磷 0.5 kg 或辛硫磷乳油 0.5 kg＋50 kg 细土，制成毒土，撒在树盘下，最后用耙子搂一下。

(4)安装太阳能杀虫灯，诱杀食花金龟子、金纹细蛾、卷叶蛾等害虫。

开花期，宜采用地面撒毒土防治与灯光诱杀及糖醋液诱杀相结合的方法。

七、树上喷药防治主要病虫害

(一)花期(露红至花序分离期)

花露红后,若温度偏高,花蕾发育速度快,用药时间应适当提前;若温度偏低,用药时间可适当延后。此期禁止使用对蜜蜂、壁蜂有剧毒和高毒的药剂。

可采用以下喷药方案中的任意一种:

(1)0.5%苦参碱水剂 500~800 倍液+10%多抗霉素可湿性粉剂 1 000~1 500 倍液;

(2)10%浏阳霉素乳油 1 000~2 000 倍液(或 73%炔螨特乳油 2 500~3 000 倍液)+4%农抗 120 水剂 600~800 倍液。

(二)初花期至开花期

为了提高坐果率,同时保护蜜蜂和壁蜂,一般不喷药剂,更不能喷杀虫剂。但是对于花期雨水多的年份,影响蜜蜂授粉,还会引起花腐病(图 1-29、图 1-30)、霉心病(图 1-31)等的发生,在这种情况下,可采用以下施药方案中的任意一种:

(1)喷 4%农抗 120 水剂 600~800 倍液+0.3%硼砂+0.1%尿素+1%糖(最好是蜂蜜)+50 kg 花粉;

(2)2%~3%多抗霉素水剂 800~1 000 倍液(或 1%中生菌素水剂 200 倍液)+0.3%硼肥+0.3%~0.5%糖(最好是蜂蜜)。

图 1-29 花腐病危害花   图 1-30 花腐病危害幼果   图 1-31 霉心病

八、学(预)习记录

熟悉苹果 4 月病害症状特点和害虫形态特点,以及防治技术要点,填写表 1-19。

表 1-19 病虫害防治技术的要点

序号	项目		症状及形态识别与防治技术要点
1	白粉病	症状识别要点	
		防治技术要点	
2	霉心病	症状识别要点	
		防治技术要点	

序号	项目		症状及形态识别与防治技术要点
3	叶螨	形态及症状识别要点	
		防治技术要点	
4	顶梢卷叶蛾	形态特点及症状识别	
		防治技术要点	
5	金龟子	形态特点及症状识别	
		防治技术要点	

任务实施

一、实施准备

准备工具材料见表 1-20。

表 1-20　4月主要病虫害防治技术所用的工具、材料

实训项目：病虫害绿色防控技术				
种类	名称	数量	用途	图片
材料	果园	1个	病虫害防治实施场所	
	石硫合剂	按需而定	涂白剂配料、单独喷施	同3月
	涂白剂	按需而定	防冻、防病、防虫	同3月
	腐烂病所用药剂	按需而定	同3月份	同3月
	炔螨特	按需而定	防治越冬叶螨	
	苦参碱	按需而定	防治叶螨、蚜虫、蛾类幼虫	
	尿素	按需而定	促进坐果和果实发育	
	硼砂(或硼肥)	按需而定	促进坐果，提高坐果率	
	螺螨酯	按需而定	防治叶螨	
	阿维·螺螨酯	按需而定	防治叶螨	

种类	名称	数量	用途	图片
材料	三唑锡	按需而定	防治叶螨	
	阿维·哒螨灵	按需而定	防治叶螨	
	氯吡硫磷	按需而定	防治金龟子，制毒土药剂	
	辛硫磷	按需而定	防治金龟子，配制毒土药剂	
	农抗 120	按需而定	防霉心病、白粉病	
	多抗霉素	按需而定	防霉心病、白粉病	
	中生菌素	按需而定	防霉心病、白粉病	
	嘧菌酯＋苯醚甲环唑	按需而定	防霉心病、白粉病	
	苯醚甲环唑	按需而定	防霉心病、白粉病	
	锰锌·腈菌唑	按需而定	防霉心病、白粉病	
	腈菌唑	按需而定	防霉心病、白粉病	
工具	喷雾器	1 个/组	喷洒农药	
	塑料桶	2 个/组	盛水和配药	
	修枝剪	1 把/人	剪病虫枝	

实训项目：病虫害绿色防控技术

二、实施过程

(一)苹果白粉病识别与综合防控

1. 观察苹果白粉病症状

观察白粉病花序，是否出现"花变绿"且有一层白色粉状物；白粉病叶片或新梢，是否节间缩短、叶片狭长、畸形、变色，上面布满一层白色粉状物。

2. 白粉病和卷叶蛾的人工防治

准备一个塑料袋和修枝剪，将有白粉病的花序和新梢剪下来，剪掉顶梢卷叶蛾危害的顶梢，装进袋子里，带出来烧毁。

(二)金龟子识别与综合防控

1. 观察金龟子危害症状及成虫形态

观察苹毛金龟子和黑绒金龟子成虫形态特征及危害症状。

2. 金龟子的人工防治

配糖醋液。按红糖∶醋∶酒∶水＝6∶20∶3∶80配制糖醋液，将配好的糖醋液装在一次性塑料碗中或半截矿泉水瓶中，挂在树上。

(三)树上喷施药剂注意事项

(1)穿好防护服和胶鞋，戴好口罩、风镜和手套。

(2)根据果园实际开花情况和害虫发生情况，正确选择一种药剂配方，按照农药稀释计算公式和配制方法，配好药液。

(3)进行喷施药液，注意均匀细致周到。

(4)设立喷药警示标志。

(5)将用完的农药包装及时集中收集深埋，不得随意丢弃。清洗喷雾器等工具。

(6)施药结束及时更换衣服，清洗身体。

(四)思考反馈

1. 简述白粉病的危害症状及防治措施。

2. 简述金龟子的防治方法及糖醋液配方。

3. 简述 4 月苹果园主要病虫害及防治措施。

4. 简述顶梢卷叶蛾的危害特点及防治方法。

🖮 **任务评价**

小组名称		组长		组员			
指导教师		时间		地点			
评价内容				分值	自评	互评	教师评价
态度(5分)	能按任务要求，按时高质量完成各项任务，团结互助，精益求精			5			
技能操作(95分)	会正确诊断白粉病症状和金龟子识别			15			
	能按照要求完成白粉病、顶梢卷叶蛾和金龟子人工防治			35			
	能按要求高质量熟练完成腐烂病、干腐病的刮治和涂白			15			
	能按要求进行防护；能正确选择农药配方；能按要求喷施，且细致周到；认真完成各项步骤			30			
各项得分							
总分							

项目三 5月苹果管理技术

节气：立夏、小满。

物候期：幼果发育、新梢旺长。

管理要点：拉枝、疏果定果、夏季修剪、补钙防病、果园种草、覆草保墒、选择果袋和防治病虫害等。

任务一 拉枝技术

 任务描述

拉枝是现代苹果生产中整形及促花的重要手段之一。拉枝措施的应用，极大地简化了苹果管理，有效地促进了苹果树适龄结果，大幅度地提高了果实品质。因而拉枝在苹果生产中是应用最普遍、最广泛也是最重要的方法。

任务目标

知识目标：熟悉春季拉枝的要求和注意事项；掌握春季拉枝方法。

能力目标：能按照技术要点完成苹果树春季拉枝。

素质目标：培养发现、分析和解决问题的能力，养成严谨科学的工作态度。

知识储备

一、牙签拉枝的方法

(一)牙签撑角和拉枝开角

(1)在新梢长到20～25 cm时用牙签在新梢与中心干之间撑开到水平角度(图1-32)。

(2)当新梢长到所需长度时再用拉枝绳或拉枝器进行拉枝，拉平、拉直，不能呈弓形。用尼龙草绳拉枝如图1-33所示，用拉枝器拉枝如图1-34所示。

(二)拉枝新梢长度根据栽植模式、栽植密度、栽培品种而定

当新梢长到所需长度时用拉枝绳或拉枝器进行拉枝，拉枝要求新梢拉平、拉直，自然舒展，不能呈弓形(尼龙草绳见图1-33、拉枝器见图1-34)。

高密度矮化密植栽培模式120株/亩以上果园，采用矮化自根砧、双矮密植栽培模式，当新梢长到40 cm左右时拉枝。

中密度栽培模式 83 株/亩以上果园，采用半矮化砧、矮化中间砧栽、乔砧短枝型栽培模式，当新梢长到 50 cm 左右时拉枝；中密度栽培模式 66 株/亩以上果园，乔化密植当新梢长到 60 cm 左右时拉枝。低密度栽培模式 33 株/亩以上果园，当新梢长到 70 cm 以上时拉枝。

图 1-32　牙签开基角

图 1-33　用尼龙草绳拉枝

图 1-34　用拉枝器拉枝

二、拉枝时期

(一)牙签开基角时间

牙签开基角必须在新梢长到 15～20 cm 时进行，这时新梢已半木质化，容易操作，陕西一般在 5 月 15 日至 5 月 25 日。

(二)用绳拉腰角时间

用绳拉腰角在整个生长期内均可进行。一般一至二年生枝宜在 7～8 月拉枝，这时枝条生长充实，拉枝后容易固定，翌春萌芽多，树势中庸。三年生以上枝，宜于春季开花后至 5 月中旬拉枝，这时枝条较软，开角容易，伤口愈合快，背上冒条少。

(三)枝条开梢角时间

枝条开梢角一般在生长后期(9 月)进行，即枝条未拉平、未拉到位的进行再次拉枝到位。用绳子拉或枝上挂物吊枝均可。

三、拉枝要求

(一)按生长势确定角度

枝条生长势强，拉枝角度要大；枝条生长势弱，拉枝角度宜小。对不易成花、长势强的富士品种，主枝角度应拉到 110°～120°，将辅养枝拉到下垂，使之早成花、早结果。

(二)按密度确定角度

栽植密度大的果园，主枝拉到 110°～120°；栽植密度小的果园，主枝拉到 90°～100°。

(三)按树形确定角度

纺锤形主枝拉到 $110°\sim120°$；改良纺锤形主枝(基部)拉到 $90°\sim100°$，中上部主枝拉到 $100°\sim120°$。

(四)按品种拉枝确定角度

富士 $110°\sim120°$；嘎拉 $80°\sim90°$；秦冠 $80°\sim90°$。

四、注意事项

(1)应从幼树开始，当新枝长至 $15\sim20$ cm 时用牙签开基角，一般开到 $90°$左右。等枝条长到要求长度时，再拉至所需角度。

(2)将枝条基角、腰角、梢角全部拉到位，拉好的枝须平顺，在一条直线上。大枝拉下垂，中枝拉平，小枝不能拉(图 1-35、图 1-36)。

图 1-35　拉枝完成后落叶前　　　　　　图 1-36　拉枝完成后落叶后

(3)拉枝防勒伤枝条，绳子绑口为活口，不要绑死口。

(4)枝在中心干上要分布均匀，上下部枝条应插空排列，分布合理，错落有致，不能重叠和交叉。严禁把几个枝条绑在一起向下拉，要一枝一绳固定，使其充分占领空间，均匀合理，做到枝枝见光。

(5)需转变方向的枝条，拉枝时要在地面固定埋地桩，埋桩必须结实，用的木橛不宜太短，斜钉插入地中，要保证枝条能固定 $3\sim4$ 个月。

(6)拉枝不可能一次性到位，由于枝条生长的顶端优势作用，应不断调整拉枝部位，保证将枝条拉到所要求的角度。

(7)坚决不能把几个枝条绑在一起向下拉，要一枝一绳固定，使其充分占领空间，均匀合理，做到枝枝见光。

(8)不能只拉下边枝而不拉上边枝，上枝、下枝都要拉到位。拉枝要处理好个体与群体的关系。

五、学(预)习记录

熟悉拉枝技术，填写表 1 - 21。

表 1 - 21　拉枝技术的要点

序号	项目	技术要点
1	拉枝时间	
2	拉枝作用	
3	拉枝要求	
4	拉枝方法	

一、实施准备

准备工具材料见表 1 - 22。

表 1 - 22　拉枝技术所用的工具、材料(可以按组填写)

实训项目：萌芽期拉枝技术				
种类	名称	数量	用途	图片
材料	不同树龄果树	N 棵	实施对象	
	创可贴	2 片/人	预防受伤	
工具	牙签	按需而定	撑枝	
	细铁丝	按需而定	拉枝	
	修枝剪	16 把	修剪	

二、实施过程

(一)小组分组

以 2 人/组为宜。

(二)实施流程

教师讲解——教师示范——学生代表示范——学生点评——教师点评——分组实践。

(三)实践操作

按照拉枝技术要点进行分组实践，每组 50 株以上。

(四)思考反馈

1. 简述拉枝的时期。

2. 简述拉枝的作用。

3. 简述拉枝的技术要点。

4. 简述拉枝注意事项。

任务评价

小组名称		组长		组员		
指导教师		时间		地点		
评价内容			分值	自评	互评	教师评价
态度(20分)	遵纪守时,态度积极,团结协作		20			
技能操作 (60分)	拉枝位置确定适宜		10			
	拉枝角度是否达标		10			
	是否达到拉枝要求		10			
	操作手法的灵活程度		10			
	爱护工具,注意安全		10			
	操作方法是否得当		10			
创新能力(20分)	发现问题、分析问题和解决问题的能力		20			
各项得分						
总分						

任务二　苹果疏花定果技术

任务描述

5月温度开始升高,树液流动加快,树体开始生长,花序分离、开花、坐果及春梢开始生长。特别是花期所消耗的养分主要是树体上年秋季的储备,为了减少消耗,促进坐果,要及时疏花。

🧰 任务目标

知识目标：了解疏花疏果的重要性；熟悉疏花疏果操作要点和注意事项；掌握疏花疏果技术。

能力目标：能结合生产实际完成疏花疏果。

素质目标：严格按照行业技术标准、规范操作，养成科学严谨的工作态度和一丝不苟的工作作风；培养严谨的学习态度和不断探究、实事求是的科学精神。

📖 知识储备

一、疏花疏果的原则

（1）先疏花枝，后疏花蕾，再疏果定果。

（2）选留顶花芽、壮枝果、易下垂果、单果，最好是中心果。

（3）选留肩部平阔、梗洼较深、果柄适中、果顶较平、萼片紧闭无伤的幼果。

（4）壮树强枝适当多留，弱树弱枝适当少留；冠外适当多留，树冠内膛适当少留。

二、适时疏花

（一）疏花的时间

从露蕾后至盛花期均可进行疏花，最好的时期是显蕾期至花序分离期。疏花应在花期采用等距离（10～15 cm）疏花技术。"疏果不如疏花，疏花不如疏蕾，疏蕾不如疏芽"。节约养分消耗，使剩余花序能得到较多的贮藏营养，从而提高授粉受精质量，增加果肉细胞数量。

苹果落花后1周开始疏果，最迟要在落花后20～25 d以内完成，即6月中旬疏完。

（二）疏花的方法

1. 人工疏花

疏花根据树势、品种、花量、天气等情况灵活而定，一般小中型品种每隔15～20 cm、大型品种每隔20～25 cm间距选留1个长势良好的花序，腋花芽全部疏除。在显蕾期（花蕾呈淡红，花朵末分离）用手摘除腋花芽序、弱花芽序、多余花序。在花序分离期留下中心蕾，去除边蕾。对于花较少的树保留2个花，其余侧花全部疏除（图1-37）。人工疏花时要注意保护叶片，不能将幼叶摘掉。

2. 化学药剂疏花

在全树有50%以上的中心花开放时（4月中下旬），全树重喷1.5波美度的石硫合剂，连续喷2次，间隔3～4 d。石硫合剂能灼伤雌蕊的柱头变褐色，阻止授粉。石硫合剂比较安全，使用时掌握好适宜浓度和使用时期，喷药时采用"淋雨式"全树重喷至树枝全湿。

图 1-37　疏果前和疏果后

三、定果技术

(一)定果时间

定果时间一般落花后 10 d 左右，幼果长 0.7 cm 大小时开始定果(大约在 4 月中下旬至 5 月上旬)，在半个月内完成。定果时间不宜过迟，否则会影响花芽分化，导致大小年结果现象。

(二)定果标准

定果在生产中根据树势、品种、管理水平灵活运用。陕西果农一般要求亩产在 2 000～3 000 kg 的范围内，并要求果个比较大，一般大型果单果重 150 g 以上，中型果 100 g 以上。根据上述要求，计算留果数量，再加上 10%～20% 的保险系数，为实际疏果时的留果量。如红富士品种计划达到亩产 3 000 kg，平均单重 200 g，实际留果数量的计算方法为：(3 000×5)+(3 000×5×10%～20%)＝16 500～18 000 个/亩。留果量确定以后，再根据树势强弱和树冠大小确定每株的留果量。

(三)人工疏花疏果的主要方式

1. 按距离留果

大型果、弱树，留果距离要大，反之则小。一般富士、元帅系等大型果留果距离为 20～25 cm，小型果留果距离为 15～20 cm。

2. 按叶果比定果

矮砧、短枝苹果，叶片同化能力强，叶果比为 30～40：1；一般乔华砧、普通型苹果大型果，如元帅系、富士的叶果比为 50～70：1。

3. 按梢果比定果

富士等大型果品种，4 个新梢留 1 个果；小型果 3 个新梢留 1 个果，每亩留果量 15 000～18 000 个。

4. 干周法

根据树干中部周长，确定全树适宜负载量。红富士品种可用下列公式计算：

$$Y = 0.2C^2$$

式中 Y——单株应留果数;

C——主干周长(cm)。

为留余地,需增加 10% 作为保险系数。另外,旺树和弱树应分别增加和减少 15% 的留果量,使留果量更接近树体实际。

5. 按枝粗度定果

生产上一般先按枝粗来定果:1 号电池枝粗留 20 个果,2 号电池枝粗留 12 个果,5 号电池枝粗留 3～5 个果,7 号电池枝粗留 1 个果;然后平均每 20～30 cm 的间距留 1 个中心果或 40～70 叶留 1 个果。

四、定果注意事项

(1)定果核心原则是"去劣存优、保质保量"。首先选留中心果,其次其他边果,腋花芽果不留;再留果形端正、果柄粗壮、果个大的果实,剪除果形不正、病虫果、畸形果等发育不良的果实及多余的果实。每个花序留 1 个果。

(2)"看树看枝"灵活定果。强枝壮树适当多留,弱枝弱树少留;内膛多留,外围少留或不留;大形果少留,小形果多留。

(3)勿伤果,保护叶片。

(4)定果顺序。单株树由内到外、先上后下,按枝条顺序逐枝进行。全园由内向外定果。

(5)疏花定果是克服苹果"大小年结果"的关键技术,必须严格按照技术标准进行。

五、学(预)习记录

熟悉疏花疏果技术,填写表 1-23。

表 1-23 疏花疏果技术的要点

序号	项目		技术要点
1	疏花疏果方法	距离留果法	
		叶果比法	
		顶芽数	
		干周法	
2	疏花疏果标准		
3	疏花疏果顺序		

 **任务实施**

一、实施准备

准备工具材料见表 1-24。

表 1-24 疏花疏果技术所用的工具、材料

实训项目：疏花疏果技术				
种类	名称	数量	用途	图片
材料	不同树龄果树	N 棵	实施对象	
	创可贴	1 片/人	预防受伤	
种类	名称	数量	用途	图片
工具	手套	N 双	预防受伤	
	疏果剪	1 把/人	修剪工具	

二、实施过程

任务实施过程中，学生要合理安排时间，根据教师示范操作要点规范操作，分工合作完成。

(一)小组分组

以 2 人/组为宜。

(二)实施流程

教师讲解——教师示范——学生代表示范——学生点评——教师点评——分组实践。

(三)实践操作

按照疏花疏果的技术要点进行分组实践，每组完成 60 株以上。

(四)思考反馈

1. 简述疏花疏果的时间。

2. 简述疏花疏果的原则。

3. 简述疏果定果标准。

4. 干周法如何计算留果量？

5. 实际疏果时的留果量如何计算？

任务评价

小组名称		组长		组员				
指导教师		时间		地点				
评价内容				分值	自评	互评	教师评价	
态度(20分)	遵纪守时，态度积极，团结协作能力			20				
技能操作 (60分)	是否按疏花疏果操作顺序进行			10				
	留果量是否合理			10				
	是否达到疏花疏果的要求			10				
	操作手法的灵活程度			10				
	爱护工具，注意安全			10				
	操作方法是否得当			10				
创新能力(20分)	发现问题、分析问题和解决问题的能力			20				
各项得分								
总分								

知识链接

苹果化学疏花疏果技术

任务三 夏季修剪技术（一）

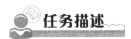 **任务描述**

5月是苹果园花后管理，幼果生长和新梢旺长时期，是夏剪的关键时期。

任务目标

知识目标：了解扭梢、摘心夏剪的重要性；熟悉扭梢、摘心夏剪操作要点和注意事项；掌握各项技术在生产中的指导作用。

能力目标：能结合生产完成苹果树扭梢、摘心夏剪。

素质目标：培养爱岗敬业、精益求精、认真负责的工作态度。

夏季修剪，除对分枝角度小的果园继续进行强拉枝开张角度外，还要综合运用扭梢摘心夏剪措施，以减少养分的无效消耗。

一、扭梢技术

(一)扭梢的作用

扭梢可促使原梢头当年成花翌年结果，并使扭梢部位以下新梢基部分生中短枝，第二年成花第三年结果。

(二)扭梢的时间

一般建议果农在 6 月上旬进行扭梢，且以果树新梢呈半木质化程度时为宜。注意一定要把控好时间，若扭梢过早，则一方面新梢长度达不到要求，另一方面新梢尚未木质化，组织柔嫩，容易折断；若扭梢过晚，则枝条木质化程度高，较为脆硬，较难扭梢，不便于达到扭梢效果。

(三)扭梢的品种

对于苹果树而言，适宜进行扭梢的品种为红富士、金冠等，扭梢后可以保证当年的成花率在 95％以上，而元帅系列的扭梢效果则不是特别明显。这就需要在生产中因品种而异，采取适宜的促花成花措施。

(四)扭梢的对象和部位

扭梢主要是将半木质化的新梢在其中下部用手分别上下捏紧，将梢头向下扭转并固定于基部枝杈处，需要注意的是苹果树的各级延长枝不能进行扭梢操作。另外扭梢的适宜部位是在新梢长度达到 15～25 cm 、具有 15～20 片叶子时，在新梢基部 5～8 cm 处进行扭梢。

(五)扭梢的操作管理

对于那些生长旺盛、恢复能力强的品种，可以在扭梢后的半个月之内，将扭梢后的新梢重新抬一下角度，使扭梢受伤部位再次成为伤口。另外，扭梢的数量不宜过多，建议不要超过背上枝总数的 1/10。而对于其他扭后新梢，还应当使其从两侧分开，以保持各级枝条之间良好的从属关系。同时对于竞争枝，不要使先端伸向树冠内部，避免打乱树形和影响通风透光。

二、摘心技术

摘心是将新梢顶端细嫩部分摘除的方法，多用于幼树及初结果期树。摘心能控制新梢生长、增加分枝量、促进枝芽成熟度的作用，能形成质量较高的饱芽壮枝。

（一）时间

以 5 月中旬、7 月中旬和 9 月中下旬为宜。5 月中旬摘心后先端再长出强旺新梢，下部形成中短枝，当先端新梢长至 30 cm 长时再次摘心控制长势。7 月中旬摘心先端再长出长势中等新梢，下部形成中短枝。9 月中下旬摘心先端再长出长势较短的新梢，下部形成不产生分枝，10 月中旬摘心不发枝。摘心后芽体饱满，新梢要木质化程度高。

（二）对象

着生在中心干、母枝背上、母枝两侧等生长强旺的新梢、各级延长枝竞争新梢、秋季（9 月份）贪青晚长未停止生长的新梢。

（三）摘心方法

（1）一般摘心法。将新梢先端细嫩部分摘除，对于二次生长势强可进行多次连续摘心。

（2）除叶摘心法。先将新梢掐去幼嫩顶尖，然后摘去先端 3～5 片嫩叶的方法。据陈新宝在延安市果树试验场试验：2020～2023 年试验，当新梢长至 60 cm 长时，将掐去幼嫩顶尖，新梢后部保留 8～12 片正常大叶，先端叶片全部摘除，新梢当年形成 2～3 花芽，易形成花芽品种花芽多些；难形成花芽品种花芽少些。不仅有效地控制了新梢旺生长，而且当年形成花芽，增加了早期产量，适用于栽植后 2～4 年生的幼旺树。

（四）摘心效果

实行摘心去叶后，新梢先端生长势明显减弱，新梢后部易形成中短枝，由于营养积累增加，新梢发育充实且木质化程度高，未萌发芽的发育饱满，少量芽能形成优质花芽。

三、学（预）习记录

熟悉夏季修剪技术，填写表 1－25。

表 1－25　夏季修剪技术（一）的要点

序号	项目		技术要点
1	扭梢技术	扭梢时间	
		扭梢作用	
		扭梢的品种	
		扭梢的对象和部位	
		扭梢的操作管理	
2	摘心技术		

一、实施准备

准备工具材料见表1-26。

表1-26 夏季修剪技术(一)所用的工具、材料

实训项目：夏季修剪技术				
种类	名称	数量	用途	图片
材料	不同树龄果树	N棵	实施对象	
工具	创可贴	1片/人	预防受伤	
	手套	N双	预防受伤	
	修枝剪	1把/人	修剪工具	

二、实施过程

任务实施过程中，学生要合理安排时间，根据教师示范操作要点规范操作，分工合作完成。

(一)小组分组

以2人/组为宜。

(二)实施流程

教师讲解——教师示范——学生代表示范——学生点评——教师点评——分组实践。

(三)实践操作

按照夏季修剪技术要点进行分组实践，每组完成60株以上。

(四)思考反馈

1.简述扭梢的时间与对象。

2.简述扭梢的作用。

3.简述扭梢的对象。

4.简述摘心的效果。

小组名称		组长		组员			
指导教师		时间		地点			
评价内容			分值	自评	互评	教师评价	
态度（20分）	遵纪守时，态度积极，团结协作		20				
技能操作 （60分）	扭梢对象确定适宜		10				
	摘心是否彻底		10				
	是否达到扭梢的要求		10				
	操作手法的灵活程度		10				
	爱护工具，注意安全		10				
	扭梢和摘心操作方法是否得当		10				
创新能力（20分）	发现问题、分析问题和解决问题的能力		20				
各项得分							
总分							

任务四　果园生草、覆草保墒技术

🔖 任务描述

5月是苹果幼果生长和新梢第一次旺盛生长期；也是苹果树肥水的临界期，此期补肥水，尽管不多，但对全年苹果树及果实的生长起到重要的作用。由于黄土高原近几年干旱，加之果园浇水费用提高，加重了农民的负担，为此推广果园种草、覆草。实践证明，果园种草、覆草是旱地果园可持续保墒增肥、提高果品质量、实现稳产高产的技术措施。

🧰 任务目标

知识目标：熟悉果园生草、覆草保墒技术的标准要求和注意事项；掌握果园生草、覆草保墒技术要点。

能力目标：能结合生产完成果园种草、覆草保墒。

素质目标：养成吃苦耐劳的劳动精神和实事求是、不断探究的科学精神；合理有效利用资源，养成勤俭节约的习惯。

5月土壤管理技术主要是进行保墒，行间种草或覆草，稳定水分状况，防止土、肥、水的流失，提高土壤肥力，便于田间作业，节省劳动力，减轻苹果生理病害，有利于环境保护。

一、行间种草

(一)草种选择

选择与果树争肥水少、争光少的草种，如三叶草、黑麦草、百脉根、野豌豆等；旱地选种绿豆、黑豆、黄豆等，以豆科植物最好；植株矮秆或匍匐生长，有一定的产草量和覆盖效果；根系以须根为主且浅生；与果树没有共同的病虫害，不是果树害虫和病菌的寄生场所；易于管理，耐践踏；适应性强，耐阴，耗水量较少，易越冬，生育期比较短。当然生产中也有不少果园采取了自然生草法，但需要对恶性杂草进行清理（图1-38）。

(a)   (b)

(c)   (d)

图1-38　常用行间种草草种
(a)三叶草；(b)黑麦草；(c)百脉根；(d)野豌豆

(二)范围

行间种草见图1-39。

图1-39 行间种草

(三)技术

(1)耕翻耙细耙平土壤。

(2)播种。人工或机械种草,播种深度为种子直径的2～3倍,密度因草而异,一般为行距10 cm左右,采取条播方式。

(3)时间。一年中5～9月均可进行,最好选择雨前播种或雨后抢播。

(4)草种用量。白三叶、紫花苜蓿、田菁等为1.5～2.5 kg/亩,黑麦草为3～4 kg/亩。可根据土壤墒情适当调整用种量。一般土壤墒情好,播种量小;土坡墒情差,播种量大。

二、果园生草管理

生草果园当草长到30 cm时刈割,当年生草的果园,一般一年最多刈割1～2次,产草稳定后一般1年刈割2～4次,刈割时要注意留茬的高度,原则是既不影响果树生长,也要有利于再生,一般留茬5～10 cm,刈割下来的草覆于树盘周围,撒于原处,也可深埋或沤肥。秋末长出的草不刈割,使其在冬季覆盖地面保墒(图1-40)。

图1-40 机械割草

每次刈割后 10 d 左右施一次化肥或雨前每亩撒施 20 kg 尿素，促进草的生长。

生草更新，5～7 年后，草渐老化，地表变硬，通透性变差。应于春季及时浅度翻压，经 1～2 年休闲，再重新播种生草。在翻压后的休闲期内，有机物加速分解，速效氮剧增，应适当减少供氮。

注意：生草初期应注意加强水肥管理，防止草与苹果树争夺肥水，同时灌水后及时松土，清除野生杂草，尤其是恶性杂草。

三、豆菜轮茬

豆菜轮茬是指在半干旱区尤其是三叶草不能越冬的地区，苹果园行间以豆类作物（大豆、黄豆、蚕豆等）和油菜作为绿肥植物倒茬种植的一种耕作方式（图 1－41）。

图 1－41　果园种植油菜花

（一）播前准备

1. 品种选择

选用通过国家或省级登记，适宜本地区果园生长的有限结荚的早、中熟大豆品种（临豆 10 号、中黄 13、中黄 37 等）；白菜型偏冬性油菜（青油 21、浩油 11 等）、甘蓝型冬油菜（青杂 4 号、秦优 7 号等）。种子质量应符合《粮食作物种子 第 2 部分：豆类》（GB 4404.2—2010）、《经济作物种子 第 2 部分：油料类》（GB 4407.2—2008）的要求。果园土壤环境质量应符合《土壤环境质量农用地土壤污染风险管控标准（试行）》（GB 15618—2018）中的相关规定。油菜必须有良好的抗寒能力。

2. 大田准备

（1）施肥。大豆、油菜施肥均以氮、磷为主，宜基施氮磷复合肥（$N-P_2O_5-K_2O$：18－46－0），施肥量为 50～80 kg/亩。

（2）整地。对树冠投影以外的行间土壤进行旋耕，耕深以 15～20 cm 为宜。

（3）机具准备。选用多功能中小粒作物精量直播机。

（二）播种

1. 间作宽度

间作作物应在树冠投影以外，且距离苹果树树干≥50 cm。

2. 大豆播种

(1)播种方法。机播或人工撒播、顺行溜播，行距 25～30 cm。

(2)播量。6～7 kg/亩。

(3)播深。3～4 cm。

(4)播种时间。适播期为 5 月 20～30 日，若遇干旱，可适当延后，宜雨后播种。

3. 油菜播种

(1)播种方法。机械直播或人工溜行直播，行距 25～30 cm。

(2)播量。1.5～3.0 kg/亩。

(3)播深。1～2 cm。

(4)播种时间。适播期为 8 月 15～25 日。若遇干旱，可适当延后，宜雨后播种。

(三)田间管理

(1)大豆。在分枝期遇雨追施尿素 30～50 kg/亩；大豆主要病虫害防治应符合《蔬菜病虫害安全防治技术规范 第 7 部分：豆类》(GB/T 23416.7—2009)的规定。

(2)油菜。6～8 叶期遇雨追施尿素 30～50 kg/亩；油菜病虫害防治应符合《直播油菜生产技术规程》(NY/T 3638—2020)的规定。

(四)刈割

(1)大豆。7 月底至 8 月初刈割。覆盖树盘下或就地翻压。

(2)油菜。5 月上旬开花后至结荚前刈割。覆盖树盘下或就地翻压。

(五)覆盖

将刈割后的大豆和油菜均匀覆盖在地表，用土压实。

四、有机物覆盖

有机物覆盖技术如同模块一/项目一/任务四中的覆膜技术。

果园生草和覆草技术就是在果园里种植对果树生产有益的草。种草后，表层土不裸露，冬天像一床被，夏天像一把伞，从而使表层土壤温度变幅不大，水分蒸发量也较少，起到了调节地温和保墒抗旱的作用。

五、果园种草覆草优点

(1)可有效防止或减少水土流失，增加土壤的有机质含量，改善土壤理化性状，增加土壤活性，提高土壤供肥能力，使果树生长发育的立地环境得到改善。

(2)能提高土壤的吸附性、吸收性和缓冲性，草腐烂后新产生的腐殖质与黏土结合形成有机无机"团聚体"，增加吸附能力。

(3)果园种草可种养结合，种地、用地、养地相结合，形成立体生态，产生综合效益。

六、学(预)习记录

熟悉覆草和果园生草技术标准要求，填写表1-27。

表1-27 果园覆草、生草技术操作要点

序号	项目		技术要点及作用
1	果园生草技术	行间生草	
		豆菜轮茬	
2	覆草技术		

一、实施准备

准备工具材料见表1-28。

表1-28 果园覆草、生草技术所用的工具、材料

实训项目：果园覆草、生草技术				
种类	名称	数量	用途	图片
材料	不同树龄果树	N棵	实施对象	
	水	N方	浇灌	
	土	按需而定	压草	
	无害化有机材料(自然杂草、作物秸秆、菌棒等)	按需而定	覆盖	
	草种、豆类种子	按需而定	生草	
工具	铁锨	2把/组	挖土行	
	耙子	2把/组	耙杂物	

二、实施过程

任务实施过程中，学生要合理安排时间，按照果园覆草技术和生草技术要点规范操作，

分工合作完成。

(一)小组分组

以 4 人/组为宜。

(二)实施流程

教师讲解——教师示范——学生代表示范——学生点评——教师点评——分组实践。

(三)实践操作

按照果园覆草技术和生草技术要点进行分组实践，每组 10 行以上。

(四)思考反馈

1. 果园行间种草如何选择草种？

2. 简述果园种草的草种用量。

3. 果园生草如何管理？

4. 什么叫豆菜轮茬？播种技术要点有哪些？

🖮 任务评价

小组名称		组长		组员			
指导教师		时间		地点			
评价内容			分值	自评	互评	教师评价	
态度(20分)	遵纪守时，态度积极，团结协作		20				
技能操作 (60分)	覆草位置确定适宜		10				
	覆草厚度、数量是否符合要求		10				
	种草方法是否得当		10				
	覆土严实程度		10				
	爱护工具，注意安全		10				
	豆菜轮茬中种子选取及播种是否符合要求		10				
创新能力(20分)	发现问题、分析问题和解决问题的能力		20				
各项得分							
总分							

任务五　病虫害绿色防控技术

任务描述

根据苹果病虫害发生规律，5 月是幼果发育和新梢旺长期。落花后 10 d 左右，是全年防治病虫害最关键的时期。主要防控蚜虫类、轮纹病、斑点落叶病、白粉病、锈病、霉心病、顶梢卷叶蛾、棉铃虫、叶螨及缺钙症等，以保护幼果和新梢不受病虫危害。

任务目标

知识目标：熟悉 5 月苹果树主要病虫害种类及发生规律；掌握 5 月苹果主要病虫害绿色防控方法措施。

能力目标：能正确诊断和识别蚜虫类、白粉病、顶梢卷叶蛾等主要病虫害；能按要求进行综合防治措施，达到较好的防控效果。

素质目标：培养严谨治学的态度；培养规范操作的职业道德；增强绿色防控意识，培养知农爱农创新人才，助推乡村振兴的使命感和责任感。

知识储备

一、蚜虫类识别与综合防治技术

(一)苹果绣线菊蚜(苹果黄蚜)

1. 形态识别

苹果绣线菊蚜(苹果黄蚜)：有翅雌蚜腹部黄绿色或绿色；无翅胎生雌蚜体黄绿色；卵，黑色。

2. 危害状识别

苹果绣线菊蚜发生期较晚，在新梢未停止生长前均可受害，被害叶由尖端向背面横卷或横卷不明显，表面可见大量虫体。

3. 发生规律

苹果绣线菊蚜一年发生 10 多代，以卵在树皮裂缝和芽缝内越冬。第二年苹果发芽后，卵开始孵化，大约在 5 月上旬孵化结束，初孵幼蚜群集在叶或芽上危害。

前期以无翅蚜进行危害，5 月下旬至 6 月出现有翅蚜，扩散危害，6 月黄蚜种群数量达到高峰期，新梢顶端密集大量蚜群，抑制新梢生长。

麦收后，随着瓢虫、草铃、食蚜蝇等天敌迁来捕食和新梢停止生长，叶片老化，蚜群数量就会迅速下降。待秋梢抽生后，又开始危害，但轻于春梢生长期。高温干旱有利于危害的发生。

4. 防治方法

(1)诱杀蚜虫。挂黄色粘虫板和绑黄色粘虫带诱杀有翅蚜。

(2)银灰色避蚜。银灰色对蚜虫有较强趋避性,在果园挂银色地膜,有明显的避蚜作用。

(3)保护和利用天敌。如多种瓢虫、食蚜蝇、草蛉、茧蜂和姬蜂。

(4)化学防治。

①休眠期可结合螨类、介壳虫类喷 5°Bé 石硫合剂,以杀死越冬的卵。

②在萌芽前和花前可喷 0.3%苦参碱水剂 800～1 000 倍液或 1.8%阿维菌素乳油 3 000倍液。

③落花后至麦收前可喷 25%吡蚜酮悬浮剂 1 000～1 500 倍液、4%阿维·啶虫脒乳油 800～1 000 倍液、10%吡虫啉可湿性粉剂 4 000 倍液。提倡多种农药交替使用,以延缓蚜虫产生抗药性的时间。

(二)苹果棉蚜

1. 形态识别

苹果棉蚜(赤蚜、白毛虫)体长 1.8～2.2 mm,椭圆形,腹部膨大,暗红褐色。腹部及背面被以白色棉状物,群集时如挂绵绒(图 1 - 42)。

2. 危害状识别

苹果棉蚜危害近地面较大根及根蘖苗、新梢、果薹、剪锯口、腋芽等部位,出现小瘤凸起。叶柄被害变黑,致叶片脱落;果实多在萼洼处受害,导致发育不良(图 1 - 43)。

图 1 - 42 新梢上黄蚜　　　　图 1 - 43 棉蚜危害新梢

3. 发生规律

棉蚜在各地一年发生代数不同,一般为 12～18 代,以若蚜在树干病疤、裂缝和根部土壤群集越冬。5月上旬越冬若蚜长成成蚜,开始产生第一代若蚜,大多在原处危害。5～6月,为全年危害最严重时期,此时树干的伤疤处、枝条上、根蘖等处可见许多白色绵状物,其下部有蚜虫。7～8月,因气温升高和天敌日光蜂的寄生,棉蚜种群数量急剧下降。9月中旬至10月中旬,气温下降,又适合苹果棉蚜繁殖,出现第二次危害高峰。11月气温下降到 7 ℃ 以下时,棉蚜开始进入越冬期。

4. 防治方法

(1)加强检疫禁止带棉蚜的接穗和苗木进入；如果发现已调入的苗木或接穗上有棉蚜时，用48％氯吡硫磷乳油1 000倍液浸泡2～3 min灭蚜。

(2)清除越冬虫源在早春刮树皮时，彻底刮除病疤和剪锯口周围的越冬蚜虫，并用48％氯吡硫磷50倍药液涂刷，以消灭剩余的蚜虫并将刮下的翘皮集中烧掉。

(3)树上喷药。棉蚜大发生期为喷药关键时期，药剂有48％氯吡硫磷乳油1 500倍液、40％毒死蜱乳油1 000倍液。

(三)苹果瘤蚜(苹果卷叶蚜)

1. 形态识别

苹果瘤蚜成蚜绿色或暗绿色，头漆黑色，复眼暗红色，具有明显的额瘤。若蚜似无翅蚜淡绿色；卵圆，黑绿色且有光泽。

2. 危害状识别

苹果瘤蚜发生期较早，被害叶由两侧向背面纵卷皱缩，瘤蚜在卷叶内危害，叶表见不到虫体，被害叶渐干枯；幼果被害果面出现不整齐红色凹陷斑痕。

3. 发生规律

一年10代，以卵在一年生枝芽缝、分枝处、剪锯口处越冬。第二年苹果发芽开始孵化，展叶期达到孵化盛期，初孵若蚜群集在嫩叶背面危害，随后危害果实，6月下旬为危害盛期，7～8月蚜虫数量减少，10～11月交尾产卵越冬。

4. 防治方法

(1)剪除虫害枝条。防治瘤蚜要剪除被害枝条，烧毁。

(2)药剂防治。在萌芽前结合其他病虫，全园喷5°Bé石硫合剂。

(3)涂环法。在主干距离地面20～30 cm的地方，选宽15 cm左右的光滑带(刮除树干粗皮)，然后在此部位包一圈吸水纸(或卫生纸、旧报纸等)，再将10％吡虫啉30～50倍液，或40％乐果40～50倍液约20 mL注射或涂在吸水物上，最后用塑料薄膜包扎紧。1周后解去薄膜，以免包扎处腐烂。

(4)药剂防治。6月进入大发生期，可喷2.5％扑虱蚜可湿性粉剂1 500倍液。

二、5月病虫害防治技术要点

(1)挂黄色粘虫板和缠绑诱虫带，以诱杀蚜虫、飞虱等害虫(图1－44、图1－45)。

图1－44　挂黄色粘虫板　　　图1－45　缠绑诱虫带

(2)悬挂诱捕器和糖醋液诱杀蛾类(图1-46、图1-47)。

图1-46 悬挂诱捕器

图1-47 糖醋液诱杀蛾类

(3)剪除白粉病病梢、顶梢卷叶蛾虫梢等,装入塑料袋,带出烧毁,减少病虫继续危害(图1-48)。

图1-48 剪除白粉病病梢、顶梢卷叶蛾虫梢

三、病虫害药剂防治

此期,果实幼嫩,要慎重选药,优先选用生物农药,不使用乳油剂型和含铜制剂的农药,应选水剂、水乳剂、悬浮剂和水分散粒剂。另外,此期是补钙的关键时期。

可采用以下施药方案:20%四螨嗪悬浮剂1 600~2 000倍液+25%灭幼脲3号悬浮剂1 500~2 000倍液+3%中生菌素可湿性粉剂1 000~1 200倍液(或10%多抗霉素可湿性粉剂1 000~1 500倍液或4%农抗120水剂600~800倍液)+10%吡虫啉可湿性粉剂3 000~5 000倍液+钙硼双补肥。

对于花叶病严重的果园,加入8%宁南霉素水剂2 000~3 000倍液。

四、学(预)习记录

熟悉苹果5月主要病害症状特点和害虫形态特点及危害状识别,并熟记主要病虫害的综合防治方法,填写表1-29。

表1-29 5月主要病虫害识别及防治技术要点

序号	项目		技术要点
1	苹果绣线菊蚜	危害状及形态识别要点	
		防治技术要点	

序号	项目		技术要点
2	苹果棉蚜	危害状及形态识别要点	
		防治技术要点	
3	苹果瘤蚜	危害状及形态识别要点	
		防治技术要点	

任务实施

一、实施准备

准备工具材料见表 1-30。

表 1-30　5 月病虫害防治技术所用的工具、材料

实训项目：病虫害绿色防控技术				
种类	名称	数量	用途	图片
材料	果园	1个	实施场所	
	黄色粘虫板	按需而定	诱杀绣线菊蚜	
	黄色粘虫带	按需而定	诱杀绣线菊蚜	
	诱捕器	按需而定	诱杀卷叶蛾、金纹细蛾成虫	
	钙肥	按需而定	减少缺钙症，提高果实品质	
	吡虫啉	按需而定	防治蚜虫	
	吡蚜酮	按需而定	防治蚜虫	
	阿维·啶虫脒	按需而定	防治蚜虫	
	毒死蜱	按需而定	防治棉蚜	

种类	名称	数量	用途	图片
材料	多抗霉素	按需而定	防治白粉病、霉心病	
	中生菌素	按需而定	防治白粉病、霉心病	
	宁南霉素	按需而定	防治花叶病、斑点落叶病	
	四螨嗪	按需而定	防治此期害螨	
	灭幼脲	按需而定	防治金纹细蛾和顶梢卷叶蛾	
工具	喷雾器	1个/组	喷洒农药	
	修枝剪	1把/人	修剪工具	
	塑料桶	2个/组	盛水和配制农药	

实训项目：病虫害绿色防控技术

二、实施过程

(一)苹果黄蚜、瘤蚜、棉蚜形态识别

借助放大镜，田间观察苹果黄蚜、瘤蚜、棉蚜成虫、若虫的身体大小，头、身体、足的颜色等形态特点。观察瘤蚜、黄蚜有翅蚜翅的质地和结构。

(二)苹果黄蚜、瘤蚜、棉蚜危害状识别

在黄蚜、瘤蚜、棉蚜发生期，到田间观察它们危害果树的部位及害状特点。黄蚜危害卷叶还是不卷叶；若卷叶，是向叶背纵卷还是横卷。瘤蚜危害是否卷叶；若卷叶，是向背面纵卷还是横卷。棉蚜危害枝梢、伤口是否有瘤状突起。

(三)蚜虫物理防治措施

1. 挂黄色粘虫板

拿起一张黄色粘虫板，找到带有两个孔的一边，剥开两面的塑料纸，分别在两孔穿入细铁丝，挂在选好的枝干上，撕下两面的塑料纸。

2. 绑黄色粘虫带

在主干光滑部位绕树干一周，缠紧压实。注意主干粗糙的，要先将粗皮刮净再缠绑粘虫带。

(四)人工防治措施

剪除病虫害枝梢，剪除白粉病病梢和蚜虫多的新梢，集中销毁。

(五)树上喷施药剂

根据果园此期主要病虫害情况，正确选择其中一种药剂配方，按照农药稀释计算公式和配置方法，配好药液。

施药方法、保护措施及注意事项参照前面。

(六)思考反馈

1. 简述绣线菊蚜危害特点及防治方法。

2. 简述苹果棉蚜危害特点及防治方法。

3. 写出 5 月主要病虫害识别及防治技术要点。

🖮 任务评价

小组名称		组长		组员			
指导教师		时间		地点			
评价内容				分值	自评	互评	教师评价
态度(5分)	能按任务要求，按时高质量完成各项任务，团结互助，精益求精			5			
技能操作 (95分)	会正确诊断白粉病症状和蚜虫类识别			25			
	能按照要求完成白粉病、顶梢卷叶蛾和蚜虫类的物理和人工防治方法			50			
	能按要求进行防护；能正确选择农药配方；能按要求喷施，且细致周到；认真完成各项步骤			20			
各项得分							
总分							

模块二　夏季苹果管理技术

项目一　6月苹果管理技术

节气：芒种、夏至。

物候期：新梢封顶、幼果发育、花芽分化。

管理要点：果实套袋、夏季修剪、补钙防病、及时追肥、行间覆草和防治病虫害。

任务一　果实套袋技术

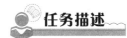

　　6月是苹果树进入幼果膨大期、新梢旺盛生长到封顶期和花芽分化期，做好这个时期果园管理工作，是保证全年苹果产量和质量的关键，更是保证翌年树上有花有果的重要途径。

任务目标

知识目标：了解选果袋的标准；熟悉操作要点和注意事项；掌握套袋技术要领。

能力目标：能结合操作规程完成苹果套袋。

素质目标：培养爱岗敬业、精益求精的精神；培养认真负责、积极的工作态度。

知识储备

一、果袋选择

　　苹果套袋是提高果实外观质量和减少病虫危害的主要技术。关于苹果育果袋质量要求，应按照《苹果育果纸袋》(NY/T1555—2007)的规定，果袋要选择抗雨水冲刷、透气性、遮光效果良好优质纸袋，凡果袋质量符合国家标准和陕西省标准的果袋在生产上均可使用。对于着色品种选择外黑内红的双层优质纸袋，黄色品种则选择内黑外黑双层或单层黑色优质纸袋。

二、果实套袋时间

　　果实套袋于花后35～40 d(5月下旬～6月上旬)开始，6月30日前结束。在一天中要避开中午强光高温时间，即上午 7 时至 11 时、下午 2 时至 7 时。不要在中午高温(30 ℃以上)和早晨有露水、阴雨天进行(表 2-1)

表 2-1　陕西延安苹果不同品种套袋时间

品种名称		套袋时间	除袋时间
早熟品种	秦阳、早红嘎拉、信浓红	5 月 15~20 日	7 月 30 日至 8 月 5 日
中熟品种	皇家嘎拉、丽嘎拉、金世纪	5 月 20~25 日	8 月 10~15 日
中晚熟品种	新世界、花冠、秋红嘎拉、弘前富士(玉华富士)	6 月 1~15 日	9 月 20~25 日
晚熟品种	红富士、粉红女士	6 月 1~30 日	10 月 5~15 日

三、套袋前的果园准备

疏花定果结束时套袋前 1~2 d 果园喷一次杀虫杀菌剂+钙肥。育果袋要在前一天晚上潮湿软化，使育果袋吸收少量水分，便于套袋操作，也能有效防止破损。

四、果袋操作的规范动作要领

基本动作：取袋→撑袋→套果→紧(折)口→扎(拧)口。撑袋一定要使果袋完全鼓起来，底部两侧通气口敞开，从上向下将果实套在袋内，使果实处于果袋中央悬空，果袋底向上；紧口时应轻、慢，不伤果柄；扎口只能扎紧果袋紧口，不可扎住果柄(图 2-1)。

图 2-1　果袋的规范动作要领

五、苹果套袋的优点

(1)套袋后果实皮部的叶绿素褪色至白色，促进果皮花青素的显色背景，增进果实的着色。

(2)使除袋后的果实全面着色，果面细嫩、光滑、洁净。

(3)防治果实病虫害、减少用药次数和尘埃给果实带来的残留、污染，提高了果品的安全性。

(4)避免枝叶摩擦，减少果锈，预防日灼。

(5)外观品质好，农药残留少，可提高果品的等级和价格。

六、苹果套袋的缺点

(1)用工量大，费时费力，因为现今套袋和除袋全靠人工操作，一个袋子从套到除其人工成本 0.1 元左右。

(2)苹果套袋后，严重妨碍了太阳光射入，可溶性糖、淀粉及可滴定酚的含量均明显降低，糖分积累减少，最终导致苹果的内在品质下降。

(3)套袋果实易缺钙，从而使果实的硬度降低；贮藏性降低。

(4)劣质纸袋导致袋子中途破损，果面污染，品质下降。

七、套袋注意事项

(1)套袋操作时动作要轻勿伤果面、果梗。

(2)套袋扎口要严要紧，防止落袋。

(3)套袋应先树上后树下，先内膛后外围；先套园中央，后套园外围。

(4)勿将叶片套入袋内。

八、学(预)习记录

熟悉套袋技术，填写表 2-2。

表 2-2　套袋技术的要点

项目	技术要点
套袋时间	
套袋规范操作要领	
套袋的优点	

任务实施

一、实施准备

准备工具材料见表 2-3。

表 2-3　苹果套袋所用的工具、材料

实训项目：套袋技术				
种类	名称	数量	用途	图片
材料	不同树龄果树	N 棵	实施对象	
	果袋	按需而定	套果工具	
工具	修枝剪	1把/人	修剪工具	

二、实施过程

任务实施过程中，学生要合理安排时间，根据教师示范操作要点规范操作，分工合作完成。

(一)小组分组

以 2 人/组为宜。

(二)实施流程

教师讲解——教师示范——学生代表示范——学生点评——教师点评——分组实践。

(三)实践操作

按照套袋技术要点进行分组实践，每组 60 株以上。

(四)思考反馈

1. 简述套袋时间的确定。

2. 简述套袋操作要领及注意事项。

3. 简述套袋前果园准备工作。

任务评价

小组名称		组长		组员			
指导教师		时间		地点			
评价内容				分值	自评	互评	教师评价
态度(20分)	遵纪守时，态度积极，团结协作			20			
技能操作 (60分)	是否达到套袋的要求			15			
	操作手法的灵活程度			15			
	爱护工具，注意安全			15			
	操作方法是否得当			15			
创新能力(20分)	发现问题、分析问题和解决问题的能力			20			
各项得分							
总分							

知识链接

苹果免套袋优质高效栽培技术

任务二　夏季修剪技术(二)

任务描述

6月是花芽分化关键的时期，是苹果树夏季修剪的重要时期，主要目标是旺树控制营养生长，促进花芽分化，改善光照。为确保当年形成足够的花量，达到稳产、高产的目的，要及时综合运用扭梢、摘心、拿枝、环切、拉枝、疏枝等夏季修剪措施，及时调节树体生长，缓势促花。

任务目标

知识目标：了解环切、拿枝夏剪的重要性；熟悉环切、拿枝操作要点和注意事项；掌握环切、拿枝夏剪技术要点。

能力目标：能结合生产完成苹果树环切、拿枝夏剪。

素质目标：培养安全意识，坚持规范操作的原则，培养爱岗敬业、精益求精、认真负责的工作态度。

知识储备

夏季修剪，除对分枝角度小的果园继续进行强拉枝开张角度外，还要综合运用环切、拿枝夏剪措施，以减少养分的无效消耗。

一、环切(环剥)技术

环切是指用环割工具在果树枝条光滑部位环状切割皮层，阻止营养物质向下运输，进而达到积累营养、促进成花的方法。

(一)环切的时间

苹果树环剥一般应在春梢停长后秋梢发生前进行，因树势、年份、肥水条件等不同而有所差异，一般在5月下旬至6月上旬进行。环切因树制宜，看梢环切，大部分短梢停止生长时即可环切。

(二)环切的方法

1. 环切刀准备

环切刀要锋利，切口要整齐、平滑。进园环切前，要严格对环切刀进行消毒处理，具体方法为：用酒精、菌毒清消毒，或用开水烫、火烤。

2. 环切方法

用环割刀在骨干枝、侧生分枝基部，相距主干或母枝15～20 cm光滑处，横向切入皮层，两切口应对准，不能错位。之后均匀转圈切透，不伤及木质。根据枝势分为双道环切和一道环切。直径 2 cm 以上的强旺枝条切 2～3 道，环切间隔期为 7～10 d，间隔距离大约为 5 cm。粗度小于 3 cm 的枝条用 21 号细铁丝绕枝周拉紧缢伤即可，粗度大于 3 cm 的枝条用环切剪、环切刀进行(图 2-2)。对于较粗大的骨干枝在骨干枝基部和其分枝上同时各环切一刀，花芽形成质量高、花芽多。

图 2-2　环切的方法

(三)环切促进花芽形成的机理

(1)环切暂时割断了韧皮部，阻止了叶制造的光合产物(碳水化合物)向下运输，使环切部位以上的芽、果等器官得到了较多的光合产物，促进了花芽分化和形成。因此，环切要有一定的叶面积，有效叶面积越大效果越好，环切口距叶片越近效果越好。环切是促进花芽形成较快的有效方法。

(2)环切暂时割断了韧皮部，阻止了幼叶、幼茎产生的生长素向下运输，使环切部位积累了大量的生长素，生长素诱导产生较多的乙烯，乙烯抑制幼茎的生长，乙烯诱导花芽形成。因此，环切 10 d 后才能表现出环切作用。环切要掌握好适宜的环切时间。

(四)环切的注意事项

(1)环切用于幼树、强旺树、强旺枝、成花难的品种等花芽形成困难的树、枝、品种。

(2)环切是为了早结果、多结果，因此，从幼树、一年生枝开始，枝越大环切效果越不明显。

(3)腐烂病发生严重的果园不宜进行环切。

(4)环切是一种人工造伤强制成花的措施，能促进果实早熟、组织器官的成熟及早衰，结果树环切过重会导致果实提前成熟。因此，结果期树多环切果少的强旺枝。不要枝枝环切，可隔枝环切，交替循环结果。

(5)环切是为了花芽形成，翌年多结果，来克服"大小年"结果现象。但是一种人为造伤技术，会出现折枝、伤口愈合不好、组织器官早熟、树势衰弱等副作用，这种副作用主干环切大于主枝，更大于枝组，环切多运用于结果枝组或枝条。因此，在主枝、辅养枝、枝组上环切，主干上少环切或不环切。

(6)掌握好环切的时间。环切过早，叶片少、光作用差，环切效果也差；环切过晚，不能起到促进花芽分化的作用。

(7)弱树轻环切、少切或不环切；旺树重环切、早环切，多道环切。到树势稳定、成花多时以后不进行环切。

(8)环切伤口愈合前，刀口部位不要涂抹腐蚀性强的药剂，以免影响伤口愈合。

二、拿枝技术

(一)方法

主要用于角度较小的旺盛新梢开角变向，当新梢长到 50～60 cm 以上时用两手握住枝条，两拇指顶住枝条背下，从新梢基部开始，每隔 10 cm 折一下，能听到枝条内木质部轻微的破裂声，但不折断枝条，该方法对成花有明显的效果。多次拿枝效果会更好。

(二)作用

拿枝后，枝条木质部轻微受伤和角度改变阻碍了水分和养分的快速上运，并使光合产物下运速度减缓，对促进芽体充实饱满和腋花芽形成具有一定的作用。

(三)注意事项

拿枝时应避免用力过猛，以防折断枝条，并要注意保护叶片。
(1)拿枝时应避免用力过猛，以防折断枝条，达到"响而不折"。
(2)拿枝时要注意保护叶片。
(3)拿枝多用于枝条细长且柔软的新梢及一、二年生枝。

三、学(预)习记录

熟悉夏季修剪技术，填写表 2-4。

表 2-4 夏季修剪技术(二)的要点

序号	项目		技术要点
1	环切技术	时间	
		方法	
		注意事项	
2	拿枝技术	作用	
		方法	
		注意事项	
	控前促后		
3	及时疏花		

任务实施

一、实施准备

准备工具材料见表2-5。

表2-5 夏季修剪技术(二)所用的工具、材料

实训项目：夏季修剪技术				
种类	名称	数量	用途	图片
材料	不同树龄果树	N 棵	实施对象	
	创可贴	1 片/人	预防受伤	
工具	修枝剪	1 把/人	修剪工具	
	环切剪刀	16 把	环切	

二、实施过程

任务实施过程中，学生要合理安排时间，根据教师示范操作要点规范操作，分工合作完成。

(一)小组分组

以2人/组为宜。

(二)实施流程

教师讲解——教师示范——学生代表示范——学生点评——教师点评——分组实践。

(三)实践操作

按照环切技术和拿枝技术要点进行分组实践，每组60株以上。

(四)思考反馈

1.简述环切的作用。

2.简述环切的方法。

3.简述拿枝的作用。

4. 简述拿枝操作方法。

⌨ 任务评价

小组名称		组长		组员				
指导教师		时间		地点				
评价内容				分值	自评	互评	教师评价	
态度(20分)	遵纪守时,态度积极,团结协作			20				
技能操作 (60分)	环切对象确定适宜			10				
	环切深度是否达标			10				
	是否达到环切的要求			10				
	操作手法的灵活程度			10				
	爱护工具,注意安全			10				
	拿枝和环切操作方法是否得当			10				
创新能力 (20分)	发现问题、分析问题和解决问题的能力			20				
各项得分								
总分								

任务三　土肥水管理技术

📖 任务描述

　　6月是苹果进入花芽生理分化的关键时期,此时又是果树根系全年的第二个生长高峰期,也是一年中用肥的关键时期,此期施肥能促进花芽分化、促进根系生长、增强树势,避免大小年现象的出现,从而可以连年的优质高产。但要在施肥的同时进行浇水,特别注意的是:要浇小水,千万不要大水漫灌。同时还要进行中耕松土、生草控草等措施。

🧰 任务目标

　　知识目标:熟悉花芽分化期土肥水管理技术的标准要求和注意事项。
　　能力目标:能结合生产完成苹果园土肥水管理。
　　素质目标:培养精益求精、一丝不苟的工匠精神;培养职业情怀。

知识储备

一、肥料管理技术

（一）土壤追肥

6月对肥料种类与数量要求严格，树势旺时应少施或不施氮肥，注意磷、钾肥配合。此期追肥以促进花芽分化、膨大果实为主要目标，又称膨果肥、膨大肥。施肥种类以水溶肥为主，适当补充中微量元素肥，尽量减少氨挥发对土壤和大气的污染。黄土高原最好应用果园滴灌、微喷灌水肥一体化技术；山区果园提倡黑色地膜覆盖＋小型水肥一体化的节水节肥技术。通过地头建设集雨蓄水窖，用潜水泵或自然落差加压，实现水肥一体化。

一般按以下标准施肥。幼树每龄每株增施尿素 0.1 kg、二胺 0.1 kg、磷肥 0.2 kg；盛果期树按照纯氮：五氧化二磷：氧化钾＝0.5：1.5：2 的比例施入全年肥量的 15％，同时配合施入微量元素及微生物肥。严禁氮肥过量，否则会造成树枝叶生长过旺，果实褪绿慢或难褪绿。追肥后根据土壤墒情灌水。追肥：一至三年生树 10～20 kg/亩；四至五年生树 30～50 kg/亩；六年生以上树 50～70 kg/亩，满足花芽和果实发育对水肥的需求。采用"集雨窖＋坑施肥水＋地布覆盖"或"集雨窖＋滴管渗灌＋地布覆盖"两种水肥膜一体化模式。

（二）叶面喷肥

此期主要进行叶面喷肥。可以用 0.3％磷酸二氢钾（喷两次）＋中量元素进行叶面喷肥，每半月一次，连喷 3～5 次。也可结合喷药进行。一般 0.2％～0.3％硼砂溶液、0.3％螯合钙、0.1％～0.2％硫酸镁、0.1％～0.2％硫酸锌等叶面肥，多种肥料混合后要注意总浓度，防止浓度过高发生肥害。也可搭配芸苔素内酯、氨基酸等功能性叶面肥进行喷施，以此来确保苹果养分供应充足、全面，培育中庸健壮的树势，从而为苹果花芽分化打下良好的营养基础，幼龄果园酌减。喷施宜在上午 10 时前或下午 4 时后进行。

二、水分管理技术

此期花芽分化对水分比较敏感，只要土壤不干旱、晴天早上叶片不萎蔫就尽量不浇水或少浇水（持水量以 60％～70％为宜）。过于干旱时可浇小水，以防新梢持续贪青旺长，过多消耗树体养分而影响花芽正常分化。

（一）果园的水分状况判断

一般认为，果园土壤最适含水量为田间最大持水量的 60％～80％。当土壤含水量低于田间最大持水量的 60％时需要考虑灌水。土壤水分的测定一般通过实验室仪器进行，也可凭经验进行手测、目测判断：从地表下约 30 cm 处取土，用手捏团，壤土类土壤手松即开、不易成团为严重干旱,需灌水;而黏土类土壤手松后轻轻挤压土团易产生裂缝,应该立即灌水。如果通过叶片萎蔫等外观表现判断含水量时,苹果根系已经受到损害。

(二)灌水方法

见模块一/项目一/任务四。

(三)灌水量的确定

灌水后使根系分布范围内土壤湿度达到田间最大持水量的 $60\%\sim80\%$,一般应一次浇透。深厚土层应浸湿 50 cm 以上;经过改良的土壤应浸湿 80 cm 以上。

1. 根据灌水方法

幼龄果园每亩灌水量:渗灌 $8\sim12$ t,喷灌、滴灌 $13\sim14$ t。

2. 标准灌水量的计算方法

一定面积果园标准灌水量=灌水面积×土壤浸润深度×土壤容重×(田间持水量-灌前土壤湿度)

公式中的灌溉前土壤湿度,每次均需测定,其他各项因素则可以三年测定一次。应用上式计算出的灌水量,还应根据树种、树龄、物候期、间作物、日照、风以及干旱持续时间等因素增减。

三、中耕松土

中耕可保持土壤疏松,防止土壤水分蒸发,又可清除杂草。每年中耕 $3\sim4$ 次,一般深度为 $5\sim10$ cm,雨后或灌水后及时进行中耕,具有良好的保墒作用。

四、生草控草

实施豆菜轮茬(或其他草种)的果园要加强管理,适量追施氮肥;杂草控制的果园要及时刈割,控制杂草高度。

五、学(预)习记录

熟悉追肥、灌水和果园生草覆草技术标准要求,填写表 2-6。

表 2-6　果园 6 月土肥水管理技术操作要点

序号	土肥水管理技术		技术要点及作用
1	追肥	地下追肥	
		叶面喷肥	
2	灌溉		
3	果园生草技术		
4	覆草技术		

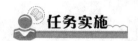任务实施

一、实施准备

准备工具材料见表 2-7。

表 2-7　6月土肥水管理技术所用的工具、材料

实训项目：6月土肥水管理技术

种类	名称	数量	用途	图片
材料	不同树龄果树	N 棵	实施对象	
	速效性肥料	N 袋	追肥用料	
	水	N 方	浇灌	
	土	按需而定	压草	
	无害化有机材料（自然杂草、作物秸秆、菌棒等）	按需而定	覆盖	
	草种、豆类种子	按需而定	生草	
种类	名称	数量	用途	图片
工具	铁锹	2 把/组	挖土行	
	耙子	2 把/组	耙杂物	
	喷雾器或无人喷药机	1 个/组	喷洒农药	

二、实施过程

任务实施过程中，学生要合理安排时间，按照追肥、灌溉、中耕松土和果园覆草技术和生草技术要点规范操作，分工合作完成。

(一)小组分组

以 4 人/组为宜。

(二)实施流程

教师讲解——教师示范——学生代表示范——学生点评——教师点评——分组实践。

(三)实践操作

按照土肥水管理技术要点进行分组实践，每组 10 行以上。

(四)思考反馈

1. 简述土壤追肥种类及数量要求。

2. 简述叶面喷肥的种类及浓度。

3. 简述灌水量的简便判断方法。

4. 简述标准灌水量的计算方法。

任务评价

小组名称		组长		组员				
指导教师		时间		地点				
评价内容				分值	自评	互评	教师评价	
态度(20分)	遵纪守时，态度积极，团结协作			20				
技能操作 (60分)	覆草位置、厚度、数量否符合要求			10				
	种草方法是否得当			10				
	按要求的施肥量足量施，是否施入适宜位置			10				
	覆土严实程度			10				
	爱护工具，注意安全			10				
	叶面喷肥是否均匀			10				
创新能力(20分)	发现问题、分析问题和解决问题的能力			20				
各项得分								
总分								

任务四 苹果病虫害防治技术

任务描述

根据苹果病虫害发生规律，夏季主要病虫害防控，应抓好6月初果实套袋前、6月下旬至7月上旬套袋后、7月至8月果实迅速膨大三个时期。6月是花芽分化期和果实膨大期。此期主要病虫害有轮纹病、早期落叶病、锈病、叶螨类、蚜虫类、金纹细蛾等。

任务目标

知识目标：熟知6月苹果树防控的主要病虫害种类及发生规律；掌握6月苹果主要病虫害绿色防控工作任务内容。

能力目标：学会正确诊断和识别早期落叶病、锈病、金纹细蛾等主要病虫害；能按要求进行综合防治措施，达到较好的防控效果。

素质目标：培养规范操作的职业道德；坚持绿色高效安全原则，根据主要病虫害发生规律和防治技术标准化的要求，选择最好的防治方案，培养学生科技创新精神，以实际行动助力农业绿色发展。

知识储备

一、苹果早期落叶病

苹果树早期落叶病是苹果褐斑病、斑点落叶病、灰斑病、轮斑病以及圆斑病的总称，是苹果叶部最主要的病害，其中褐斑病和斑点落叶病是两种最常见、危害最严重的苹果早期落叶病。

(一)症状识别

1. 褐斑病

褐斑病危害叶片时，有同心轮纹型、针芒型和混合型3种类型。

(1)同心轮纹型。初期叶片正面出现针尖大小的黄褐色小点，逐渐扩大为圆形，直径为0.5~1 cm。中心暗褐色，四周黄色，病斑周围有绿色晕。病斑上有小黑点构成同心轮纹状。

(2)针芒型。病斑深褐色，呈放射状(针芒状)向外扩展。无一定边缘，病斑小而量多，常遍布叶片，病斑也有许多小黑点，后期叶片病斑渐变黄，但病斑周围和背部仍保持绿褐色。

(3)混合型。病斑较大，近圆形，其外缘呈针芒状，常常几个病斑连在一起，形成不规则的大斑，病斑暗褐色，后期病斑中部为灰白色，散生许多小黑点。

2. 斑点落叶病

斑点落叶病主要发生在嫩叶上，也危害嫩梢和果实。危害叶片时，发病初期，在叶片上出现褐色近圆形小斑点，边缘清晰，病斑逐渐扩大，呈红褐色，边缘为紫褐色；有时病斑中央有一深褐色小点，外围有一深褐色环纹，状如鸟眼；天气潮湿，病斑正反面长出黑色霉层；发病后期，病斑中央多呈灰褐色至灰白色。在高温多雨季节病斑迅速扩展，形成不规则形红褐色大斑，无小黑点(图 2-3)。新梢发病较轻者，皮孔膨大、裂开；发病重者，产生 2～6 mm 褐色近圆形病斑，病斑稍凹陷，周围常产生裂纹。

图 2-3　6 月发生的褐斑病和斑点落叶病

幼果受害，果实受害后，在果面上产生圆形褐色斑点，果实接近成熟时形成红点，直接影响果实品质。

(二)病原

由真菌引起，主要危害叶片。

(三)发病规律

1. 褐斑病

病菌以菌丝和分生孢子在病残叶上越冬。4～5 月，苹果落花后到收麦前，每遇一次降雨，病残叶上越冬的病菌分生孢子就向新生叶片传播一次，病菌侵入后有较长的潜伏期；7～8 月开始出现症状，落叶上的病菌可以反复侵染；8～9 月可使易感该病的品种叶片大部分脱落，至 10 月停止发展。

2. 斑点落叶病

病菌以菌丝体在病落叶、病枝等病残体或芽鳞中越冬，一年有春梢期和秋梢期两个发病高峰期。落花后多雨，春梢发病重；6 月下旬至 7 月多雨，秋梢发病重。斑点落叶病 5 月中下旬开始发病，6 月下旬至 7 月上旬为盛发期，通过风雨传播。病菌主要侵染展叶后 20 d 内的嫩叶和新梢，病害潜育期只有 1～3 d。苹果斑点落叶病严重时从花期开始，延续到 9 月。

(四)综合防治技术

做好"早防早治，群防群治"。药剂必须采取预防＋治疗＋铲除措施。提倡用内吸性三唑类农药和保护性杀菌剂混合使用，并做到不同药剂交替使用。

1. 农业防治

(1)搞好清园工作。初冬落叶后和初春修剪结束后，要及时彻底清扫落叶。清扫时应做到细、净，减少越冬菌源。

(2)加强栽培管理，增强树势，提高树体抗病能力，以腐熟的鸡粪、猪粪、羊粪等优质农家肥为主，磷钾肥和复合肥为辅，将基肥尽早施入。

(3)合理修剪，改善果园及树冠的通风透光条件。

2. 化学防治

坚持"预防前期、治疗中期、控制后期"的策略，抓住"五个关键"时期：发芽前、花后7～10 d(病菌孢子大量传播之前也就是5月上中旬)、5月下旬至6月上旬(疏果至套袋前)、6月中下旬至7月上旬(套袋后)、秋季(7～10月)，连续喷5次药，不可缺少。

(1)在发芽前。喷5°Bé石硫合剂或索利巴尔50倍液。注意树上、树下及根茎部位，消灭各种越冬病菌。

(2)5月上中旬。喷保护性杀菌剂，80%大生M-45可湿性粉剂800～1 000倍液、68.75%易保水分散粒剂1 000～1 200倍液。

(3)5月下旬至6月上中旬(套袋前)。喷内吸性杀菌剂，可选用43%戊唑醇悬浮剂3 000倍液或20%苯醚甲环唑水乳剂2 000～2 500倍液，起到防止病菌蔓延的效果，立竿见影。

(4)6月中下旬至7月上旬(套袋后)。可用40%福星乳油8 000倍液、62.25%仙生可湿性粉剂8 000倍液、50%扑海因1 500倍液、三唑类制剂等进行治疗，新型杀菌剂10%杀菌优(Tos hin)水剂600倍液、波尔多液等。

(5)秋后(7～10月)。对两种落叶病重的果园可喷50%的扑海因可湿性粉剂1 000～1 500倍液或10%多抗霉素可湿性粉剂100～1 500倍液，40%福星8 000～10 000倍液、62.25%仙生600倍液，4%农抗120水剂＋菌立灭2号水剂600～800倍液。也可以选用以下复配药剂：30%吡唑·醚菌酯悬浮剂，治疗苹果褐斑病5 000～6 000倍液，斑点落叶病1 000～2 000倍液；60%唑醚·代森联水分散粒剂1 000～2 000倍液；75%肟菌·戊唑醇水分散粒剂4 000～6 000倍液。

二、苹果锈病

1. 病症状识别

苹果锈病主要危害苹果叶片，还危害果实和嫩梢。

(1)在苹果树上的症状(图2-4)。

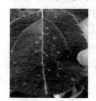

图2-4 锈病在叶片和果实上的发病过程

①苹果叶片症状。发病初期，叶片正面出现黄色有光泽的圆形油状病斑，其上产生橙黄色小点，后小点变为黑色，即性孢子器。后期病斑变厚变硬，叶背病斑凸起，产生灰色或灰褐色丛生毛状物，即锈孢子器。发病末期，黄色毛状物的颜色变深，逐渐成熟粉化，叶片正面病斑扩大，形成黑褐色坏死斑，并可以脱落成穿孔状。

②果实症状。果实发病多在萼洼附近，初期为橙色圆斑，后期变为褐色，中央产生小点，病斑变硬，并长出毛状物。

③枝梢症状。幼苗、嫩枝病斑为梭形，橙黄色，后期病部凹陷龟裂，易从病部折断。

(2)在柏树上的症状。7~8月病菌从苹果叶片随风飞到桧柏上侵染小枝，被害部位出现浅黄斑点。第二年春季，不同柏树上表现症状不同，在刺柏小枝上呈褐色小瘤状，在桧柏上呈褐色舌状。

2. 病原

苹果锈病是一种转主寄生的真菌病害，属于担子菌亚门，冬孢纲，锈菌目。病程中有4种孢子阶段，其中冬孢子和担孢子在柏科植物上产生，性孢子、锈孢子在苹果等寄主上产生。

3. 发生规律

病菌以菌丝体在桧柏等枝条上的菌瘿中越冬，第二年春季冬孢子成熟，遇雨菌瘿吸水涨大，开裂，冬孢子开始萌发产生担孢子，担孢子随风传播到苹果树上，直接侵入苹果叶片，在叶正面产生小黄斑(即性孢子器)，病斑上有黄色黏液，后期小黄点变为黑色。30~40 d，病斑背面形成黄色隆起，产生许多黄色丛生的毛状物，即为病菌的锈孢子器(含有大量锈孢子)，7~9月成熟粉化后随风传播到桧柏枝上危害并越冬。苹果锈菌没有夏孢子，一年只侵染一次，无再侵染，4月下旬至6月中旬为发病高峰期。

4. 防治方法

(1)清除转主寄主。在建新果园时，应尽量远离有桧柏等寄主的风景区和陵园，切断病菌的侵染循环。

(2)铲除越冬病菌。若柏树不能砍除，在苹果树发芽前后，对果园附近的桧柏类树上喷3~5°Bé石硫合剂1~2次，阻止冬孢子角萌发。

(3)在苹果树上喷药保护。当春季展叶后，每天检查叶片正面，当有针尖大小的黄点出现时，立即喷内吸性强的杀菌剂，可有效控制病情发展，喷药越晚防治效果越差。

(4)药剂防治。可用下列农药：25%嘧菌酯悬浮剂＋10%苯醚甲环唑微乳剂连袋1 000倍液，40%多-福-溴菌腈可湿性粉剂1 000倍液；62.25%锰锌-腈菌唑600~800倍液，12.5%烯唑醇微乳剂3 000倍液；25%丙环唑乳油3 000倍液等。

三、金纹细蛾

1. 形态识别

成虫体长约2.5 mm，全身金黄色。头顶有银白色鳞毛，前翅狭长，前翅基部有3条白色和褐色相间的放射状条纹，后翅尖细，有长缘毛；老熟幼虫扁呈纺锤形，黄色，有3对腹足；蛹黄褐色；卵扁椭圆形，乳白色，半透明，有光泽(图2-5)。

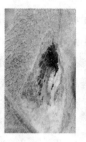

图 2 - 5　金纹细蛾形态特征

2. 危害状识别

金纹细蛾只危害叶片。幼虫从叶背潜入叶内，正面形成椭圆形筛网状虫斑；幼虫潜伏其中，撕破皱褶的下表皮，可看到黑色的虫粪和一只黄色的小幼虫或黄褐色的蛹（图 2 - 6）。

图 2 - 6　金纹细蛾危害状

3. 发生规律

一年发生 4～5 代，以蛹在被害的落叶内过冬。第二年苹果发芽破绽期为越冬代成虫羽化盛期，卵产在叶背茸毛下，单粒散产，卵期 7～10 d，多则 11～13 d。幼虫孵化后直接钻入叶片中，潜食叶肉，叶正面呈网眼状虫斑，虫斑内有黑粪，叶背表皮皱缩且向背面弯折。8 月是全年危害最严重的时期。

4. 防治方法

(1)农业防治。落叶后清扫落叶，集中烧毁，消灭越冬蛹。

(2)诱杀成虫。灯光诱杀、诱捕器诱杀、糖醋液诱杀成虫。

(3)药剂防治。常用药剂为 25％灭幼脲 3 号胶悬剂 1 000 倍液、25％除虫脲可湿性粉剂 1 000～2 000 倍液、25％杀铃脲 6 000 倍液等。

四、6 月主要绿色防控技术要点

(一)挂捕食螨

将捕食螨固定在不被阳光直射的树冠中下部的枝权上，确保袋底部紧密接触树权，以防包装袋掉落。捕食螨应在喷杀虫剂 1 周后再投放，不宜在雨天投放，应在晴天、多云天气下午 4 时后释放；不宜在阳光下暴晒(图 2 - 7)。

图 2-7 挂捕食螨

(二)化学防治

根据此期主要病虫害，套袋前，仍然不使用乳油剂型和含铜制剂的农药，应选水剂、水乳剂、悬浮剂和水分散粒剂。另外套袋前仍然是补钙的关键时期，可采用以下两种喷药方案中的任意一种：

(1)4%农抗 120 水剂 600～800 倍液＋22.4%螺虫乙酯悬浮剂 2 000 倍液＋10%吡螨胺可湿性粉剂 2 000～3 000 倍液＋25%灭幼脲悬浮剂 2 000～2 500 倍液＋氨基酸钙肥 500 倍液；

(2)10%多抗霉素可湿性粉剂 1 000～1 500 倍液(或 8%宁南霉素水剂 2 000～3 000 倍液)＋20%哒螨灵可湿性粉剂 2 000～4 000 倍液＋10%吡虫啉可湿性粉剂 2 000～4 000 倍液＋氨基酸钙肥 500 倍液。

五、学(预)习记录

熟悉 6 月苹果病虫害绿色防控的工作任务内容；知道 6 月苹果树防控的主要病虫害种类及发生规律，会正确诊断和识别早期落叶病、锈病、金纹细蛾等主要病虫害，填写表 2-8。

表 2-8 6 月苹果主要病虫害防治技术的要点

序号	项目		6 月苹果主要病虫害防控技术要点
1	锈病识别与综合防控技术		
2	早期落叶病识别与防控技术		
3	金纹细蛾防控技术要点		
4	6 月喷药方案	方案一	
		方案二	

 任务实施

一、实施准备

1. 熟悉 6 月苹果病虫害绿色防控的工作任务内容；知道 6 月苹果树防控的主要病虫害种类及发生规律；并能严格按照苹果 6 月病虫害防治方法及注意事项进行操作。

2. 准备工具材料见表 2-9。

表 2 - 9　6月主要病虫害防治技术所用的工具、材料

种类	名称	数量	用途	图片
材料	实训项目：病虫害防治技术			
	果园	1个	实施场所	
	捕食螨	按需而定	捕食害螨	
	农抗120	按需而定	防治早期落叶病	
	宁南霉素	按需而定	防治花叶病和早期落叶病	
	螺虫乙酯	按需而定	杀虫剂	
	吡螨胺	按需而定	防治害螨	
	哒螨灵	按需而定	防治害螨	
	氨基酸钙肥	按需而定	钙肥	
	嘧菌酯＋苯醚甲环唑	按需而定	防治锈病、白粉病、早期落叶病	
	多-福-溴菌腈	按需而定	防治锈病、白粉病、炭疽病、早期落叶病	
	除虫脲	按需而定	防治金纹细蛾、卷叶蛾等	
	灭幼脲	按需而定	防治金纹细蛾、卷叶蛾等	
工具	喷雾器或无人喷药机	8个或1个	喷洒农药	

实训项目：病虫害防治技术				
种类	名称	数量	用途	图片
工具	放大镜	2个/组	识别病虫	
	塑料桶	2个/组	盛水和配制药液	

二、实施过程

任务实施过程中，学生要合理安排时间，根据教师示范操作要点规范操作，分工合作完成。

(一)小组分组

以 2 人/组为宜。

(二)实施流程

教师讲解——教师示范——学生代表示范——学生点评——教师点评——分组实践。

(三)实践操作

按照 6 月主要病虫害防治技术要点进行分组实践，每组完成 10 株以上。

(四)思考反馈

1. 简述苹果早期落叶病症状与防控技术。

2. 简述苹果锈病症状与防控技术。

3. 简述金纹细蛾危害特点及防控技术。

📖 任务评价

小组名称		组长		组员			
指导教师		时间		地点			
评价内容				分值	自评	互评	教师评价
态度(5分)	遵纪守时，态度积极，团结协作能力			5			
技能操作(95分)	会正确诊断褐斑病、斑点落叶病、锈病症状和金纹细蛾识别			60			
	能按照要求完成捕食螨的悬挂，操作规范，按时完成			15			
	喷施农药，能按要求进行防护；能正确选择农药配方；能按要求喷施，且细致周到；认真完成各项步骤			20			
各项得分							
总分							

项目二 7月苹果管理技术

节气：小暑、大暑。

物候期：花芽分化盛期、秋梢开始生长期、果实快速膨大期。

管理要点：夏剪、人工促花、追肥、病虫害防治、起垄排涝、覆盖降温、刈割压青和早熟苹果采收。

任务一 夏季修剪技术(三)

 任务描述

7月中旬至8月上旬秋梢开始生长时，在5月下旬调控的基础上对旺树进行第二次调控，包括当年生枝，此时还在生长的徒长枝、前旺后弱的两年枝，再次进行转枝、拿枝软化、摘心去叶、强弱交接处环割，部分旺树还要进行轻度环割，同时疏除部分遮光的过旺生长大枝。在秋梢开始生长时，也可以采用上述方法控制秋梢生长，促进成花。

任务目标

知识目标：了解环割、疏枝夏剪的重要性；熟悉环割、疏枝夏剪操作要点和注意事项；掌握环割、疏枝夏剪技术要点。

能力目标：能结合生产完成苹果树环割、疏枝夏剪。

素质目标：培养学农爱农的职业理念及服务"三农"的职业理想。

知识储备

一、环割技术

7月环切是补充性措施，也就是6月环切技术后，树势生长强旺，少量停止短枝生长，花芽分化少，7月再进行一次环切，能形成部分中长结果枝，但花芽质量较差、数量较少，俗语称"五月一刀满树花，六月一刀树不闲，七月一刀妄费工"。方法同前面模块二夏季苹果管理技术/项目一6月果实管理技术/任务二夏季修剪技术(二)。

二、疏枝(梢)技术

(一)疏枝作用

苹果疏枝一般在冬剪、夏剪的时候进行。合理的疏枝工作能够改良树冠的内膛枝条

的光照条件，为附近枝条提供充足的营养。在疏枝后，对于伤口前方的枝条起到抑制作用，而对于伤口后方的枝条起到促进作用。对于整株苹果树而言，若植株上部的疏枝量比较多，原本属于顶端的生长优势便会开始转向下部枝条，提高下部枝条的生长能力。相反，若下部疏枝较多，上部枝条生长能力便会加强。疏枝减少了枝叶量，能够缓和母枝的生长。对于整株苹果树而言，疏枝会削弱树势，疏枝时把握好疏枝量。

(二)疏枝时间

适合苹果树的疏枝时间一般在生长期及休眠期，还可在春季疏除一些没有用处的萌蘖。在果实采收后直到落叶前，进行疏枝较佳，因为这个时候树冠的叶片是完整的，能够保留有效叶片，维持树冠通透性。在疏除大枝之后，不仅能够有效改良树冠光照，增强叶片的生长能力，促进花芽的生长，还能够提高伤口的愈合速度，减少病虫害，为冬剪分担工作量，同时还不会过度削弱苹果树的长势。

(三)疏枝方法

首先我们要疏除生长过多、过密且位置较低的主枝。很多苹果园都存在着主枝多、低、密的现象，导致苹果树被卡脖。

在修剪的时候，不仅要注意根据生长年限有计划地进行疏枝，通常每年修剪两个左右影响较大的枝条，保持中干的长势和充足的光照，还要注意将竞争枝疏除，因为竞争枝一般与主干的夹角小，影响延长枝的生长，利用率较低，所以不要犹豫要及时疏除。对于多年生的大枝，粗度如果大于主干的1/3要及时疏除，疏除单轴延伸枝条上的大分枝和主枝上长势较强的枝条。

除此之外，还有一些背上枝、徒长枝也要及时疏除，避免消耗过多的营养，缓和苹果树的长势，提供良好的光照环境。对于一些连续结果超过5年、枝条直径超过5 cm的都要疏除，它们不仅会消耗大量营养，还会对整个树形的发育造成很大的影响。一些有病虫枝、交叉重叠枝、病生枝等都是不可忽略的。

三、学(预)习记录

熟悉夏季修剪技术，填写表2-10。

表2-10 夏季修剪技术(三)的要点

序号	项目		技术要点
1	环割技术	作用	
		操作方法	
		对象和部位	
		注意事项	
2	疏枝技术	时间	
		方法	
		作用	

**任务实施**

一、实施准备

准备工具材料见表2-11。

表2-11 夏季修剪技术(三)所用的工具、材料

实训项目：夏季修剪技术				
种类	名称	数量	用途	图片
材料	不同树龄果树	N棵	实施对象	
	创可贴	1片/人	预防受伤	
工具	修枝剪	1把/人	修剪工具	
	环割剪刀	30把	环割	

二、实施过程

任务实施过程中，学生要合理安排时间，根据教师示范操作要点规范操作，分工合作完成。

(一)小组分组

以2人/组为宜。

(二)实施流程

教师讲解——教师示范——学生代表示范——学生点评——教师点评——分组实践。

(三)实践操作

按照环割技术和疏枝技术要点进行分组实践，每组60株以上。

(四)思考反馈

1. 简述疏枝的操作方法。

2. 简述疏枝的作用。

3. 简述环割注意事项。

4. 简述环割的作用。

5. 简述环割的操作方法。

任务评价

小组名称		组长		组员			
指导教师		时间		地点			
评价内容				分值	自评	互评	教师评价
态度（20分）	遵纪守时，态度积极，团结协作			20			
技能操作 （60分）	环割对象确定适宜			10			
	环割深度是否达标			10			
	是否达到环割的要求			10			
	操作手法的灵活程度			10			
	爱护工具，注意安全			10			
	疏枝和环割操作方法是否得当			10			
创新能力（20分）	发现问题、分析问题和解决问题的能力			20			
各项得分							
总分							

任务二　土肥水管理技术

任务描述

7月中下旬至8月中旬苹果树新梢停止生长，进入果树花芽形态分化盛期、秋梢生长期、果实迅速膨大和着色的关键时期，此期是苹果树营养管理的重要时期之一，科学施肥不可忽视。该期间苹果由氮营养转变为碳营养，只有补充足够的碳水化合物才能让苹果迅速膨大。此期也是苹果最大生理需水期，此期正值高温天气，蒸发量大，充足的水分供应可以促进果实膨大，有利于着色。

任务目标

知识目标：熟悉花芽分化期土肥水管理技术的标准要求和注意事项。

能力目标：能结合生产完成苹果园土肥水管理。

素质目标：引导科学、及时施肥才能保质保价的意识，培养质量意识、环保意识、安全意识；培养良好的心理素质和吃苦耐劳的精神。

📟**知识储备**

一、肥料管理技术

(一)土壤追肥

此期是需水、需肥的临界期,果实、新梢生长量大需肥水较多。因此在 7 月上中旬可追施 1 次低氮、低磷、高钾复合肥,施入量为全年氮肥的 1/3、磷肥的 2/3、钾肥的 2/3,以利于果实增色、提糖。8 月上旬,全园追施高磷、高钾型果树专用肥,每亩施用量 50 kg。切记此次追肥禁止使用尿素。施肥方法同模块一/项目一/任务三。

(二)叶面喷肥

叶面喷 0.2%~0.3%的磷酸二氢钾,促进花芽分化和果实着色。喷钙宝及氨基酸类叶面肥,促进果实膨大,提高含糖量,改善果实外观质量,预防生理病害。

二、水分管理技术

(一)如遇干旱

应及时灌溉,补充水分,促进果实膨大,提高产量;灌水量必须一次浇入,而深层土壤需要一次渗入 50~60 cm 的土层。

(二)起垄排水防涝

如遇暴雨或连阴雨,造成果园积水。果树根系活动受到限制,造成裂果和早期落叶,影响果品质量和产量。必须及时清沟排水,防治涝害。

1. 平地果园

一般每 2~4 行树挖一条排水沟。在小区边上挖排水支渠,各排水支渠与排水干渠相连。排水沟渠深浅、宽窄因当地降水量而定(图 2-8)。

2. 山地果园

在梯田内挖竹节沟排水。沟内每 5~6 m 修一个土埂,以缓冲水流(图 2-9)。

图 2-8 排水沟

图 2-9 竹节沟

三、土壤管理技术

(一)控制杂草，减少耕作，保护表层根系

(1)生草覆盖：在果树行间种植覆盖作物，如三叶草或其他绿肥植物，可以有效抑制杂草的生长，同时增加土壤有机质，提高土壤水分保持能力。

(2)合理间作：通过果园绿肥间作技术，不仅可以增加土壤有机碳，还能提高水分利用效率和产量。

(3)雨水管理：建立雨水集聚深层入渗系统，合理利用和补充果园土壤水分，减少对灌溉的依赖。

(4)科学规划：选择适宜的地块建园，避免在地形坡度大、容易发生水土流失的地区种植。对于坡度小于5°的坡耕地，可以不进行梯田改造；而坡度大于15°的坡耕地则应退耕还林还草。

(5)土壤管理：减少翻耕频率，采用浅耕或不耕作的方式，以保护土壤结构和根系健康。

综上所述，这些措施需要结合当地的具体情况进行调整，以确保苹果园的可持续管理和生产效率。

(二)覆草降温、刈割压青(参考模块一/项目三/任务四)

行间继续加厚，绿肥刈割覆盖树盘。没有进行根盘覆草的果园，应抓紧麦收后草源丰富的机会，对树盘进行全面覆草。由于此期杂草生长极其茂盛，可刈割园内园外、沟边、路边的茂盛绿草，压到树盘下。

(三)割草与养草

割草后，每亩撒施尿素30 kg，促草生长；种草不迟于7~8月。

(四)豆菜轮茬

实施豆菜轮茬的果园，大豆8月初刈割覆盖或翻压后再播种油菜(矮油2号、延油2号)0.3~0.5 kg/亩。自然生草或种草的果园用割草机严格控制杂草高度不超过30 cm，草长到30 cm时，留茬5 cm刈割后覆于树盘。尽量避免中耕除草，禁止使用除草剂。

四、注意事项

(1)视前期施肥情况及土壤、树体营养状况，进行叶面喷肥，注意多种营养相互配合。

(2)喷肥可单独使用，也可结合喷药进行，但一般不与石硫合剂、波尔多液等碱性农药混合。

(3)雨水较多的年份，可适当促发秋草，吸收多余的水分，防止裂果和秋梢过度生长。

(4)继续割草,自然生草园要在恶性草草籽成熟前清除,以免翌年生出更多恶性草。

五、学(预)习记录

熟悉追肥、灌水和果园生草覆草技术标准要求,填写表 2－12。

表 2－12 果园土肥水管理技术操作要点

序号	项目		技术要点及作用
1	追肥	土壤追肥	
		叶面喷肥	
2	起垄排水防涝		
3	覆草降温、刈割压青		
4	豆菜轮茬		

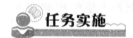

一、实施准备

准备工具材料见表 2－13。

表 2－13 土肥水管理所用的工具、材料(可以按组填写)

实训项目:土肥水管理技术				
种类	名称	数量	用途	图片
材料	不同树龄果树	N 棵	实施对象	
	速效性肥料	N 袋		
	水	N 方	浇灌	
	土	按需而定	压草	
	无害化有机材料、青草(自然杂草、作物秸秆、菌棒等)	按需而定	覆盖	
	草种、豆类种子	按需而定	生草	
工具	铁锨	2 把/组	挖土行	
	耙子	2 把/组	耙杂物	

实训项目：土肥水管理技术				
种类	名称	数量	用途	图片
工具	喷雾器或无人喷药机	8个或1个	喷洒农药	
	割草机	2个	割草	

二、实施过程

任务实施过程中，学生要合理安排时间，按照追肥、起垄排水防涝、覆草降温、刈割压青和豆菜轮茬技术要点规范操作，分工合作完成。

(一)小组分组

以2人/组为宜。

(二)实施流程

教师讲解——教师示范——学生代表示范——学生点评——教师点评——分组实践。

(三)实践操作

按照追肥、灌水和果园生草覆草技术要点进行分组实践，完成追肥、灌溉、中耕松土和覆草和种草任务，每组60株以上。

(四)思考反馈

1.简述土壤追肥种类及用量。

2.简述叶面喷肥的种类及浓度。

3.简述起垄排水防涝作用及技术要点。

4.简述土肥水管理过程中注意事项。

小组名称		组长		组员	
指导教师		时间		地点	
评价内容			分值	自评	互评	教师评价

	评价内容	分值	自评	互评	教师评价
态度（20分）	遵纪守时，态度积极，团结协作	20			
技能操作（60分）	覆草位置、厚度、数量是否符合要求	10			
	肥料是否搅拌均匀	10			
	按要求的施肥量足量施、是否施入适宜位置	10			
	覆土严实程度	10			
	爱护工具，注意安全	10			
	叶面喷肥是否均匀	10			
创新能力（20分）	发现问题、分析问题和解决问题的能力	20			
各项得分					
总分					

任务三　苹果病虫害防治技术

任务描述

　　7月是全年最热的月份，是花芽分化盛期、秋梢开始生长期和果实迅速膨大期。根据苹果病虫害发生规律，是早期落叶病、金纹细蛾的盛发期，如果遇到干旱高温，山楂叶螨和二斑叶螨容易危害。因此，防治关键时期仍需用优质、高效、低毒农药，优化药剂组合，以保护叶片，促进果实膨大和花芽分化。一般套袋后果园全年可减少用药2~3次，已达到减药增效的目的。

任务目标

　　知识目标：熟悉7月苹果树防控的主要病虫害种类及发生规律；掌握7月苹果病虫害绿色防控的工作任务内容。

　　能力目标：学会进行波尔多液配制和质量检查及使用；能按要求进行综合防治措施，达到较好的防控效果。

　　素质目标：培养严谨治学的态度；培养规范操作的职业道德；增强绿色防控意识和减药增效意识，根据主要病虫害发生规律，勇于创新和探索，优化农药组合，以实现经济和生态环境同步发展。

知识储备

一、喷施波尔多液

套袋后，对病害轻的果园，要及时喷 1 次 1∶2∶200 倍量式波尔多液，以预防早期落叶病为主的叶部病害。

(1)波尔多液配制与使用。波尔多液是应用范围最广泛、应用历史最久、黏着力强的保护性杀菌剂，是由五水硫酸铜($CuSO_4 \cdot 5H_2O$)、生石灰、水配制而成的一种天蓝色胶状悬浮液，它的有效成分是碱式硫酸铜，是一种无机无公害杀菌剂。

(2)配制波尔多液常用同注法和单注法。同注法是把所用水量分为 2 等份，分别盛入两个非金属的容器中，将五水硫酸铜和生石灰分别溶化在水中，然后将两液同时缓慢地倒入第 3 个容器中，边倒边搅即成，这是目前常用的配制方法。单注法是把所用水量的 4/5 配成稀硫酸铜溶液，1/5 的水配成浓石灰乳，然后将稀硫酸铜溶液缓慢地倒入浓石灰乳中，边倒边搅即成。

(3)配制波尔多液注意事项。要选高质量五水硫酸铜、生石灰。五水硫酸铜先用少量热水完全溶解后，再按配量将水加足；石灰乳要加水调成石灰水过滤后才可用于配制。配制和盛放波尔多液时不能用铁桶，以防腐蚀；喷雾器用后，要及时清洗，以免腐蚀。需现配现用且 15～20 d 内不能喷石硫合剂。在幼果期不能喷波尔多液，以防幼果产生果锈；采收前半个月不要喷洒波尔多液，以免污染。在苹果树上一年最多使用 2 次波尔多液。

波尔多液防治霜霉病、腐霉病、疫霉病等效果好，对白粉病、锈病、斑点落叶病效果差。对于斑点落叶病、白粉病和锈病已经发生或发生较重的果园，不宜使用波尔多液。

二、喷施优化组合药剂

对于白粉病、锈病、斑点落叶病等病害较重的果园，和棉蚜、叶螨、金纹细蛾等虫害较重的果园，可采用保护和治疗为一体的杀菌剂；胃毒、内吸与触杀兼治的杀虫剂、杀螨剂混配使用，以达到较好的防治效果。

如 43％戊唑醇悬浮剂 3 000～5 000 倍液＋10％联苯菊酯水乳剂 2 000 倍液＋钙肥或 30％吡唑·醚菌酯悬浮剂 5 000～6 000 倍液＋8％阿维·哒螨灵 1 500～2 000 倍液＋2.5％绿色功夫 3 000 倍液。

三、树干涂药

根据腐烂病年度发病具有"夏侵染、秋潜伏、春发病"的规律。6 月底至 7 月初，是果树落皮层形成期，选用 1.8％辛菌胺·醋酸盐水剂或噻霉酮水剂 50 倍液，涂刷果树主干及大枝杈处，可以有效预防腐烂病的侵染。

四、学(预)习记录

熟悉苹果 7 月病虫害的防治操作方法,填写表 2-14。

表 2-14 7 月病虫害的防治技术的要点

序号	项目	技术要点
1	波尔多液的配制	
2	喷施优化组合药剂	
3	树干涂药	

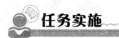 **任务实施**

一、实施准备

准备工具材料见表 2-15。

表 2-15 7 月主要病虫害防治技术所用的工具、材料

实训项目:病虫害防治技术				
种类	名称	数量	用途	图片
材料	果园	1 个	实施场所	
材料	五水硫酸铜	按需而定	配制波尔多液原料	
	生石灰	按需而定	配制波尔多液原料	
	高效氯氟氰菊酯(功夫)	按需而定	杀虫杀螨	
	戊唑醇悬浮剂	按需而定	防治早期落叶病	
	联苯菊酯水乳剂	按需而定	杀虫杀螨	
	阿维·哒螨灵	按需而定	杀虫杀螨	
	吡唑·醚菌酯	按需而定	防治早期落叶病等	

实训项目：病虫害防治技术				
种类	名称	数量	用途	图片
材料	氨基酸钙肥	按需而定	钙肥	
	辛菌胺·醋酸盐	按需而定	涂干药剂，预防腐烂病	
	水	按需而定	稀释和配制农药	
工具	塑料桶	3个/组	盛水	
	喷雾器	1个/组	喷洒农药	

二、实施过程

任务实施过程中，学生要合理安排时间，根据教师示范操作要点规范操作，分工合作完成。

(一)小组分组

以2人/组为宜。

(二)实施流程

教师讲解——教师示范——学生代表示范——学生点评——教师点评——分组实践。

(三)实践操作

按照7月病虫害防治技术要点进行分组实践，每组完成10株以上。

(四)思考反馈

1. 简述波尔多液配制方法及注意事项。

2. 简述此期树干涂药的作用。

3. 举例说明喷施优化组合药剂的方法。

🖮 任务评价

小组名称		组长		组员	
指导教师		时间		地点	
评价内容		分值	自评	互评	教师评价
态度(5分)	遵纪守时，态度积极，团结协作能力	5			
技能操作 （95分）	波尔多液配制和质量检查及使用。称量准确，配制操作规范，质量检测全面，方法正确，配制的波尔多液质量达到优良，喷雾使用达到标准	60			
	树干涂药，操作规范，按时完成	15			
	喷施农药，能按要求进行防护；能正确选择农药配方；能按要求喷施，且细致周到；认真完成各项步骤	20			
各项得分					
总分					

项目三　8月苹果管理技术

节气：立秋、处暑。

物候期：花芽分化、果实膨大、树梢生长、早果成熟。

管理要点：行间生草或割草覆盖(同7月)、摘叶转果(同9月)、采早熟果、防治病虫害。

任务一　果实采收技术

**任务描述**

苹果果实采收是苹果生产的最后一个环节，同时也是影响贮藏的关键环节。适时分批采收是苹果安全、优质生产最后的重要环节，对果实的产量、质量、贮运、市场竞争力、商品价值影响很大。采收技术直接影响着果实的商品价值。

任务目标

知识目标：了解苹果采收成熟度的确定方法以及采收技术，掌握苹果采收的方法及其技术要点。

能力目标：能科学判断苹果是否成熟并正确采收，能选择正确的采收工具、采收方法进行科学采收。

素质目标：培养学生真心、细心、耐心的学习态度；养成科学严谨的工作态度和一丝不苟的工作作风。

知识储备

苹果采收

一、成熟度的判断

(一)看果皮颜色

绝大多数苹果品种从幼果到成熟,果皮颜色会发生有规律的变化。例如,果皮的底色由深绿逐渐变为浅绿或黄色。有的品种着色较早,但果皮底色仍然是绿色,只有果皮底色由绿变黄,果实才真正成熟;有的品种,如金帅等,可在果品底色黄绿时采收,如果采后马上销售,最好等到底色变黄时再采收。

(二)看果柄

果实真正成熟时,果柄基部与果枝间形成了离层,果实稍受一点外力,如被旋转或抬高就会脱落。

(三)看种子颜色

在果实发育过程中,果品的种子有逐渐变成褐色的规律。剥开果实,若种子已经变成褐色或淡褐色,表明果实已经成熟。

二、采收技术

(一)采收原则

采收原则是适时、无损、保质保量。适时就是在符合鲜食、贮藏、加工的要求时采收;无损就是要避免机械损伤,保持完整性,以便充分发挥其特有的抗病性和耐贮性。

(二)采收要求

(1)采收用采果篮、周转箱。
(2)要衬垫软质材料,以防擦、碰、刺伤果实,最好选用采果袋。
(3)采收人员须剪短指甲或戴手套,以防指甲刺伤果面。采收时尽量用梯凳和平台,不要上树,以保护枝叶、果实等不被碰伤、踏伤;在摘果时,要轻摘、轻卸,减少碰、压伤等损失,并注意保护果梗;树冠下铺一块彩条塑料布,以保护果实。
(4)采果顺序。采果时最好先采树冠外围以及下部的果,后采上部和内膛的果,逐枝采净,防止漏采。

(三)采收方法

操作时,应本着轻摘、轻放、轻装、轻卸的原则用手托住果实,食指顶住果柄末端轻轻上翘,果柄便与果台分离,切忌硬拉硬拽。

(四)采后处理

苹果应严格分级,有条件时进行自动化洗果、分级和包装等处理,适时销售或进行气调贮藏及冷藏，以最大限度地增加附加值，获得高效益。

三、注意事项

(1)观察天气条件。采果期水分大，在有雾、露、雨滴的情况下，果实很容易腐烂，不耐贮藏，所以，最好选择晴天采果，并且将采下的果实放在通风处晾干。

(2)采果时要轻摘轻放，且须留果柄，过长的果柄需要剪掉过多的部分，避免果柄过长扎伤其他果实。

(3)要分期、分批采收。通常来说，分2～3批来完成采收任务，第一批先采树冠上部、外围着色好的、个大的果实；第二批最好在5～7 d后进行，同样选择色泽好、个大的果实采收；紧接着再过5～7 d，将树上所剩的果实全部采摘。

一般来说，前两批果实要占全树的70%～80%，最后一批果实占20%～30%。盛果容器要牢固轻巧，以放8～10 kg果实为宜。

做到边采果、边选果、边分级；将病虫、畸形、小果或损伤果拣出来，然后将分级后的果实运到阴凉处预冷，不要将果实直接放在地面，避免与土壤直接接触，造成果面污染。

(4)及时预冷。将采收的果实在预冷库中或通风的阴凉处进行预冷。切忌日晒、雨淋或在露天堆放。

四、学(预)习记录

熟悉果实采收技术，填写表2-16。

表2-16 果实采收技术的要点

序号	项目	技术要点
1	采收时间	
2	采收作用	
3	采收原则	
4	采收要求	
5	采收方法	

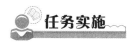 任务实施

一、实施准备

准备工具材料见表2-17。

表 2-17 采收果实技术所用的工具、材料(可以按组填写)

实训项目：果实采收技术				
种类	名称	数量	用途	图片
工具	塑料布或软布	N 块	垫衬于果筐内	
	梯凳	10~15 个	协助采收果实	
	采果筐/采果袋	约 30 个	装果实	
	采果剪	约 30 把	采收果实	
	采果刀	约 30 个	采收果实	

二、实施过程

(一)小组分组

以 3 人/组为宜。

(二)实施流程

教师讲解——教师示范——学生代表示范——学生点评——教师点评——分组实践。

(三)实践操作

按照采收果实技术要点进行分组实践，每组 50 株以上。

(四)思考反馈

1. 简述果实成熟度的判断。

2. 简述采收原则。

3. 简述采收技术。

4. 简述采收注意事项。

小组名称		组长		组员		
指导教师		时间		地点		
评价内容			分值	自评	互评	教师评价
态度(20分)	遵纪守时，态度积极，团结协作		20			
技能操作 (60分)	采摘方法是否符合要求		10			
	操作熟练程度		10			
	采后处理是否得当		10			
	成熟度的判断是否正确		10			
	爱护工具，注意安全		10			
	是否按采果顺序进行		10			
创新能力(20分)	发现问题、分析问题和解决问题的能力		20			
各项得分						
总分						

💼 知识链接

苹果果实采收前后的技术管理

任务二 苹果病虫害防治技术

🖮 任务描述

8月是果实膨大期和早果成熟期。根据苹果病虫害发生规律，此期是早期落叶病、锈病、叶螨、金纹细蛾的盛发期，白粉病第二次发生侵染期。此期任务仍然是保护叶片，根据果园实际病虫害发生情况，可以减少农药使用次数。

💼 任务目标

知识目标：熟悉8月苹果病虫害绿色防控的工作任务内容；掌握8月苹果树防控的主要病虫害种类及发生规律。

能力目标：能根据此期病虫害发生情况，制订科学综合防治方案，并达到较好防控效果。

素质目标：培养分析问题和解决问题的能力；增强学生环保意识；树立绿色防控和生态保护意识，根据主要病虫害发生规律，教育学生要精于业务，勤于探索、服务三农。

📖 知识储备

一、农业防治

对于早期落叶病严重的果园，应先清除树盘下病叶，剪除病虫枝(图 2-10)。

图 2-10　早期落叶病症状和棉蚜危害状

二、物理防治

对于金纹细蛾等虫害严重的果园，应及时更换诱捕器和糖醋液，以更好诱杀金纹细蛾等鳞翅目的成虫(图 2-11)。

图 2-11　诱捕器诱杀金纹细蛾

三、化学防治

在清扫病叶和悬挂诱捕器的基础上，针对此期主要病虫发生情况，还应该用以下喷药方案中的任何一种，以期达到较好效果。

(1)30%吡唑·醚菌酯悬浮剂 5 000～6 000 倍液＋8%阿维·哒螨灵乳油 1 500～2 000 倍液＋5%高氯·甲维盐 2 000 倍液。

(2)75%肟菌·戊唑醇水分散粒剂 4 000～6 000 倍液＋10%烟碱乳油 800～

1 000倍液。

7中下旬至8月，综合气候因素、果园病虫害发生情况等，了解农药特性，优化药品组合，严格控制用药次数。

四、学(预)习记录

熟悉苹果8月病虫害的防治方法，填写表2-18。

表2-18 8月病虫害的防治技术的要点

序号	项目	技术要点
1	农业防治	
2	物理防治	
3	化学防治	

任务实施

一、实施准备

准备工具材料见表2-19。

表2-19 8月主要病虫害防治技术所用的工具、材料

实训项目：病虫害防治技术				
种类	名称	数量	用途	图片
材料	果园	1个		
	吡唑·醚菌酯	按需而定	防治早期落叶病等杀菌剂	
	高氯·甲维盐	按需而定	杀虫杀螨	
	阿维·哒螨灵	按需而定	杀螨杀虫	
	肟菌·戊唑醇	按需而定	防治早期落叶病	
	氨基酸钙肥	按需而定	补充钙肥，提高果实品质	
工具	塑料桶	2个/组	盛水和配药	

二、实施过程

任务实施过程中，学生要合理安排时间，根据教师示范操作要点规范操作，分工合作完成。

(一)小组分组

以 2 人/组为宜。

(二)实施流程

教师讲解——教师示范——学生代表示范——学生点评——教师点评——分组实践。

(三)实践操作

按照 8 月病虫害防治技术要点进行分组实践，每组完成 10 株以上。

(四)思考反馈

1. 简述 8 月早期落叶病综合防治方法。

2. 简述 8 月叶螨防治方法。

3. 简述 8 月金纹细蛾综合防治方法。

任务评价

小组名称		组长		组员			
指导教师		时间		地点			
评价内容				分值	自评	互评	教师评价
态度(5分)	遵纪守时，态度积极，团结协作能力			5			
技能操作 (95分)	能快速准确进行诱捕器杀虫情况调查、统计；并能按要求熟练更换诱捕器			30			
	能准确真实记录调查资料，调查资料整理要简单、明确、条理化。能根据调查结果，制订科学合理的防治方案			45			
	能按要求进行防护；能正确选择农药配方；能按要求喷施，且细致周到；认真完成各项步骤			20			
各项得分							
总分							

模块三　秋季苹果管理技术

项目一　9月苹果管理技术

节气：白露、秋分。

物候期：果实着色，成熟期、秋梢根系第三次生长。

管理要点：秋季修剪、行间生草或割草覆盖、防治病虫害、果实解袋、苹果贴字、摘叶转果、铺反光膜、分批采收和秋施基肥。

任务一　秋季修剪——拉枝技术

任务描述

秋季是拉枝的黄金季节，原因是秋季正处于养分回流期，及时开张角度后，养分容易积存在枝条中，使芽体更饱满，促进提早成花；同春季拉枝相比，背上不会萌发强旺枝；秋季枝条柔软，也容易拉开，而且秋季拉枝后，为翌年的环割促花做好了准备。

任务目标

知识目标：了解秋季拉枝的重要性；熟悉秋季拉枝操作要点和注意事项；掌握秋季拉枝技术要点。

能力目标：能按照技术要点完成秋季拉枝。

素质目标：严格按照行业技术标准，规范操作，培养动手操作的习惯；培养吃苦精神、乐于奉献的精神；培养团队合作精神。

知识储备

一、拉枝的概念

拉枝就是人为地改变枝条的生长角度和分布方向的一种整形方法，是常用、多用的修剪方法之一。

二、拉枝的作用

(1)拉枝能合理利用枝条充分占有空间，枝条分布均匀，加快树形培养。

(2)拉枝能缓和树势，促进花芽形成，实现早结果、早丰产。可以使幼树提前1～2年结果，据调查，幼树早拉枝一般3年就可以挂果，并且枝干比小于1：3，不拉枝的幼树4～5年才可以挂果，枝干比一般在1：2以上。

(3)拉枝明显改善树体通风透光条件。对大树拉枝，通风透光好，果个大、色艳、着色好，立体结果，产量高。不拉枝的树不易立体结果，容易表面结果并且着色差，个小，风味淡(图3-1)。

(4)拉枝可以明显提高新梢枝芽的质量。

图 3-1 拉枝前后效果对比

三、拉枝时间

(1)乔化稀植园。果树拉枝最好的时间为8月中旬至9月中旬，这一段时间枝条以加粗生长为主，拉枝后枝条容易固定，且枝条背上不易冒条。树大、树势强要早拉枝。结果树一般在春季发芽后拉枝，秋季拉枝容易造成果实滑落。在一天中10～17时拉枝较好。早晚枝条硬，拉枝容易折断枝条，中午枝条柔软，一般晴天中午枝条最柔软。

(2)矮化密植园。一般按新梢长度进行拉枝。一般纺锤形树冠下部新梢生长到60 cm、中部50 cm、上部30 cm开始拉枝，时间不固定。

四、拉枝角度

(1)不同树形拉枝角度不同，对中密度小冠开心形的果园，拉枝时必须分清枝条类型。

(2)需永久保留的骨干枝，基角可拉成85°～90°。

（3）非骨干枝根据占有空间可拉成水平至下垂，基角在90°～110°。

（4）对高密度果园或培养细长纺锤形、高纺锤形树，则不分枝类，全部基角拉至105°～120°。

五、拉枝方法

采用"一推、二揉、三压、四固定"的方法。即手握枝条向上及向下反复推动，将枝条反复揉软，在揉软的同时，将枝条下压至所要求的角度和位置，然后将拉枝绳或铁丝系于枝条，使其恰好直顺，不呈"弓"形为宜。

六、拉枝注意事项

（1）拉枝时防止折枝、伤枝。

（2）拉枝后枝条呈自然舒展状，不能拉成"弓"形。

（3）拉枝要充分占有空间，不能重叠、交叉。

（4）按树形结构要求拉枝。

（5）拉枝前先校正树干。

（6）拉枝要考虑树势强弱，壮树强树多拉，弱树少拉或不拉，因为弱树拉枝会使树体更加衰弱。

七、学（预）习记录

熟悉秋季拉枝技术，填写表3-1。

表3-1 秋季拉枝技术的要点

序号	项目		技术要点
1	拉枝时间	乔化稀植园	
		矮化密植园	
2	拉枝的作用		
3	拉枝角度		
4	拉枝方法		

 任务实施

一、实施准备

准备工具材料见表3-2。

表 3 - 2 　秋季拉枝技术所用的工具、材料(可以按组填写)

实训项目：秋季拉枝技术			
名称	数量	用途	图片
不同树龄果树	N 棵	实施对象	
创可贴	2 片/人	预防受伤	
尼龙绳或拉枝器	按需而定	拉枝工具	
修枝剪	1 把/人	修剪工具	

二、实施过程

任务实施过程中，学生要合理安排时间，根据教师示范操作要点规范操作，分工合作完成。

(一)小组分组

以 2 人/组为宜。

(二)实施流程

教师讲解——教师示范——学生代表示范——学生点评——教师点评——分组实践。

(三)实践操作

按照秋季拉枝技术要点进行分组实践，完成拉枝任务，每组 60 株以上。

(四)思考反馈

1. 简述秋季拉枝的时间。

2. 简述秋季拉枝的作用。

3. 简述秋季拉枝的角度。

4. 简述秋季拉枝的方法。

5. 简述秋季拉枝注意事项。

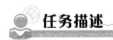任务评价

小组名称		组长		组员			
指导教师		时间		地点			
评价内容				分值	自评	互评	教师评价
态度(20分)	遵纪守时，态度积极，团结协作			20			
技能操作 (60分)	拉枝对象确定适宜			10			
	拉枝角度是否达标			10			
	是否达到拉枝的要求			10			
	操作手法的灵活程度			10			
	爱护工具，注意安全			10			
	操作方法是否得当			10			
创新能力(20分)	发现问题、分析问题和解决问题的能力			20			
各项得分							
总分							

任务二 苹果提质增色技术

任务描述

为了生产苹果工艺果，在果实除袋后对苹果果面、果形进行特殊加工，提高果实的商品附加值，使其具有很高的观赏和收藏价值。

任务目标

知识目标：熟悉除袋、摘叶、转果、铺反光膜技术的作用；掌握除袋、摘叶、转果、铺反光膜等技术的方法步骤。

能力目标：能熟练操作除袋、摘叶、转果、铺反光膜等工作。

素质目标：理论联系实践，学以致用；培养动手操作的能力；形成良好的道德修养，建立正确的价值观。

知识储备

苹果秋季果实除袋、摘叶等增色技术

一、果实除袋

(一)除袋时间

早熟品种在采收前 10～15 d；晚熟品种在采收前的 20～30 d。在延安北部晚熟品种一般摘除外袋时间为 9 月 20 日至 10 月 1 日，早中熟品种在采收前半个月摘除外袋。气温低可适当早除；气温高可适当晚摘 2～5 d。品种富士保证在果袋内 100～120 d，不能少于 100 d。果皮泛白是除外袋的最佳时间。

除袋最好选阴天或多云天气，晴天应在 12 时之前和下午 3 时以后，避开中午太阳光最强、温度较高的时间段去袋，防止果实日灼。

(二)除袋的方法

双层袋应分两次进行，先除外层袋，保留扶正内红袋，使果实处于内袋中。过 3～5 个晴天后再摘除内袋。

摘袋时，一手托住果实，一手解开袋口扎丝，然后一手捏住内袋，一手从袋口到袋底撕掉外袋，以防果实坠落。

除袋后及时进行摘叶、转果、铺反光膜等，以增加苹果的着色度。

(四)除袋注意事项

(1)除袋不宜过早或过晚，过早果面退绿色不彻底，着色较差；过晚果面发黄，上色缓慢或不着色呈黄色。果皮泛白就是除袋的最佳时间。

(2)除袋时动作要轻防止损伤果实和落果。

(3)除袋先下后上，先外后里。

(4)除袋时避开中午强光时间，防止果实日灼，切忌一次性除袋。

二、苹果摘叶技术

(一)摘叶的作用

摘叶的作用是改善果实受光条件，促进果实均匀、全面着色。

（二）摘叶方法

摘叶分两次进行。第一次摘叶可伴随摘外袋同时进行，先将果实周围的遮光和贴在果实上的叶片摘除；第二次在第一次摘叶 5～6 d 后，摘除 10～20 cm 的叶片，也就是在第一次摘叶 5～6 d 后，再摘除果实周围的挡光叶、小叶、薄叶、黄叶、老叶等影响透光的部分叶片，尽量保留功能叶，摘叶数量不得超过总叶量的 20％～30％。

（三）注意事项

（1）摘、剪叶必须保留较短叶柄。

（2）摘叶时间过早，则影响光合作用；若过晚，则容易形成绿斑。

（3）动作要轻，不要过重，防止落果。

（4）转果应顺一个方向进行，避免拧掉果柄。

三、转果技术

（1）作用。转果是指人为地转动果实方向，改变果实阴阳面的位置，消除果实阴阳面着色差异，使果面着色均匀。

（2）操作时间。摘叶后 5～6 个晴天进行。

（3）操作方法。待果实阳面着色后，拿起果实旋转 180°，将背阴面轻轻转向阳面。对于悬空果可用透明塑料胶带固定以防回位。

（4）注意事项。

①动作要轻，防止转掉和抹伤果实。最好在果实与枝条接触处贴塑料保护垫，防止磨伤。转果将拿起旋转，以防抹伤果实。

②转果应在晴天的下午 4 时以后或阴天进行，防止日烧。

四、铺反光膜技术

（1）作用。能使树冠下部和内膛的果实，尤其果实尊洼及周围充分着色，真正达到全红果，同时还能提高果实含糖量，是实现提质增色的一项技术措施。

（2）铺设时间。着色品种在果实除袋后立即进行。

（3）铺设方式。铺设方式包括通行铺设和零星块状铺设两种。

（4）铺设方法。铺膜时将树下杂草除净，整平土地，硬杂物捡净，膜要拉直扯平，边缘用土压实或白色塑料袋内装土压或专用固定器固定，以防风吹卷起。

（5）注意事项。

①铺反光膜，枝叶率不能高，争取树冠下透光率达到 30％以上。

②铺反光膜时，切勿拉的过紧，否则会因气温降低，反光膜冷缩，影响反光效果。

③铺后保持膜面干净，增加反光效果。采前 1～2 d 收膜，清洗晾干备用。

④反光膜多用着色品种。在果实多的位置多铺。

五、学(预)习记录

熟悉苹果提质增色技术操作方法，填写表3-3。

表3-3 提质增色技术的要点

序号	项目	技术要点
1	摘叶技术	
2	转果技术	
3	铺反光膜技术	

 **任务实施**

一、实施准备

准备工具材料见表3-4。

表3-4 提质增色技术所用的工具、材料

实训项目：提质增色技术				
种类	名称	数量	用途	图片
材料	果园	1个		
	银色反光膜	按需而定	提高果实附加值	
工具	修枝剪	1把/人	修剪工具	
	铁锹	2把/组	挖土行	
	耙子	2把/组	耙杂物	

二、实施过程

任务实施过程中，学生要合理安排时间，根据教师示范操作要点规范操作，分工合作完成。

(一)小组分组

以4人/组为宜。

(二)实施流程

教师讲解——教师示范——学生代表示范——学生点评——教师点评——分组实践。

(三)实践操作

按照提质增色技术要点进行分组实践，每组完成 20 株以上。

(四)思考反馈

1. 简述摘叶方法。

2. 简述转果的作用。

3. 简述铺反光膜注意事项。

任务评价

小组名称		组长		组员			
指导教师		时间		地点			
评价内容			分值	自评	互评	教师评价	
态度(20分)	遵纪守时，态度积极，团结协作能力		20				
技能操作 (60分)	是否按转果要求进行		10				
	铺反光膜的位置确定准确		10				
	是否达到铺反光膜的要求		10				
	操作手法的灵活程度		10				
	爱护工具，注意安全		10				
	操作方法是否得当		10				
创新能力(20分)	发现问题、分析问题和解决问题的能力		20				
各项得分							
总分							

任务三 贴字增收技术

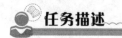

任务描述

为了生产苹果工艺果，在果实除袋后对苹果果面、果形进行特殊加工，提高果实商品附加值，使其具有很高的观赏和收藏价值。

任务目标

知识目标：了解贴字的原理、作用；熟悉贴字技术应该注意的事项；掌握贴字方法。

能力目标：能熟练操作苹果贴字技术。

素质目标：培养动手操作的习惯；增强创新意识。

知识储备

一、苹果贴字作用

贴字苹果又称艺术苹果，是集书法、简笔画、剪纸等艺术作品于一体的一种表现方式。卡通动物生动可爱，各体书法清晰逼真，"福禄寿喜"寄托美好愿望，"吉祥如意"传达真挚情感。

二、苹果贴字原理

苹果着色必须有阳光照耀，如果某种不透光的物体在果实外表挡住了阳光，该部位果面就显示底色(黄色)。依据这个原理，在苹果未着色时，将字模贴在苹果外表面，待苹果充分着色后再取下字模，则果面出现了色差部分，看上去字就"长"在果面上。其实苹果上的字是"晒"出来的。

三、生产贴字苹果过程

贴字苹果的生产过程包括图案设计与制作、果实套袋与摘袋、苹果筛选、图案粘贴、果实摘叶、果实转果、阳光照果、果实采收、图案摘除、选果、分级包装等多个复杂步骤。

四、贴字时间

贴字的苹果一般先进行套袋，摘袋后即可贴字。根据苹果着色的快慢，在去袋后的当天或2～4 d后贴字，避开12～14时高温时段和清晨8时前露水未干时段。一般用不干胶纸字模，在9月20日进行粘贴，塑料薄膜字模在9月25日进行粘贴为宜。

五、字模选择

(1)贴字内容(图3-2)。

图3-2　贴字内容

(2)选择字模。字模要做工精细，边缘整齐，厚度适中，无异味和毒副作用，字体美观，印刷精致。尽量选择笔画粗实庄重、图案清晰大方的字体或图案(图3-3)。

图3-3　各种字模

六、贴字方法步骤："一选、二擦、三摆、四压"

(1)选果。果形周正，80 mm果实，单果重在125 g左右。字贴在果实阳面。

(2)擦果粉。先将果面贴字处的果粉轻轻擦掉。

(3)摆字模。不干胶纸字膜应贴在果实的阳面，塑料薄膜字模应贴在果实阳面的两侧，将字模在果面上摆正。

(4)压字模。用双手大拇指从中间向四周将字模抹平压实即可，不能出现翘边、打褶现象。

七、学(预)习记录

熟悉苹果贴字技术操作方法，填写表3-5。

表 3 - 5　贴字技术的要点

序号	项目	技术要点
1	苹果贴字作用	
2	苹果贴字原理	
3	贴字方法步骤	

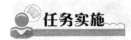

任务实施

一、实施准备

准备工具材料见表 3-6。

表 3 - 6　贴字技术所用的工具、材料

实训项目：贴字技术				
种类	名称	数量	用途	图片
材料	果园	1个		
工具	字模	按需而定	提高果实附加值	

二、实施过程

任务实施过程中，学生要合理安排时间，根据教师示范操作要点规范操作，分工合作完成。

(一)小组分组

以 2 人/组为宜。

(二)实施流程

教师讲解——教师示范——学生代表示范——学生点评——教师点评——分组实践。

(三)实践操作

按照贴字技术要点进行分组实践，每组完成 20 株以上。

(四)思考反馈

1. 简述苹果贴字作用。

2. 简述贴字的时间。

3. 简述贴字方法步骤。

任务评价

小组名称		组长		组员			
指导教师		时间		地点			
评价内容				分值	自评	互评	教师评价
态度(20分)	遵纪守时，态度积极，团结协作能力			20			
技能操作 (60分)	是否按贴字步骤进行			10			
	字模图案设计与制作是否具有新意			10			
	是否达到贴字的要求			10			
	操作手法的灵活程度			10			
	爱护工具，注意安全			10			
	操作方法是否得当			10			
创新能力(20分)	发现问题、分析问题和解决问题的能力			20			
各项得分							
总分							

任务四　土壤、水分管理技术

任务描述

9月是苹果的集中上色期，对土壤水分需求量较小，而且土壤保持均匀供给，可减少果实裂果，有利于提高果实的外观质量。北方秋季雨水较多，草生长快，通风差，易造成果园湿度大，引起果树病害的发生。因此，要做好排水防涝，中耕松土，以保持土壤疏松，通气良好，为根系生长发育始终创造良好的土壤环境，防止土壤水分过多而影响果实的色泽发育。

📁 任务目标

知识目标: 熟悉果实成熟期土壤和水分管理技术的标准要求和注意事项。

能力目标: 能结合生产完成苹果成熟期土壤和水分管理。

素质目标: 引导注重科技引领、转变传统观念,提升质量意识和经济意识;培养吃苦耐劳的精神;增强创新意识。

⌨ 知识储备

秋季果实成熟采收期土肥水管理技术

一、水分管理技术

秋季苹果园水分管理以"控"为主,遇到霖雨要及时排水,采收前半个月保持果园干旱,促进增糖上色。果实采收后,结合有机肥施用情况,根据墒情决定是否浇水。

二、土壤管理技术

(一)覆盖保墒、增肥技术

1. 覆盖时间

黄土高原地区春季十年九旱,将秋季雨水贮存起来供果树在春季干旱的时候使用,无疑是一个好方法,秋季果园覆盖达到"秋雨春用,少雨多用"。在秋季果实采收、秋施基肥后进行覆盖。

2. 秸秆覆盖

将玉米秆、麦秆或杂草等均匀覆盖在果园行间和树盘下,厚度为20~25 cm,达到减少土壤水分蒸发、增加土壤有机质、缩小地温变幅、增加土壤透气性的作用(图3-4、图3-5)。

图3-4 果园覆盖麦草

图3-5 果园覆盖玉米秆

3. 地膜覆盖

秋季覆膜一般在 9 月下旬至施完基肥后。秋季正值果树根系生长的第三次高峰期，此时覆盖地膜，最显著的作用是延缓地温下降，抗旱保湿，延长根系的活动时间，增加果树的新根系，覆膜后还可以提高秋施基肥的效果，促进微生物活动，增加土壤有效养分，有利于果树后期的养分积累(图 3-6)。

4. 排水防涝

对于秋季雨水过多的产区，过多雨水容易引起果树大量冒条，导致枝条营养积累差、成熟度低、苹果树对病菌的抗性降低、花芽分化难以形成，另外果园积水也不利于根系生长，因此应注意秋季果园排水防涝。技术同果实膨大期(图 3-7)。

图 3-6　果园覆膜　　　　　　　　　图 3-7　排水防涝

5. 深翻改土

在秋季果实采收后至封冻前，结合施有机肥进行。在树干外挖环状沟或平行沟，沟宽 40～60 cm，沟深 60～80 cm，土壤回填时将表土混合有机肥放在底层，底土放在上层，然后充分灌水，使根土密接(图 3-8)。

图 3-8　秋季深翻果园

(二)割草技术

秋季雨水多，杂草生长旺盛，草生长过高会与果树争肥水，以及果园空气湿度大等问题影响果实生长发育。因此必须适时割草(割草的标准、方法等内容详见模块一/项目三/任务四)。10 月中下旬气温下降，草生长慢，停止割草。

注意事项：为促进果实着色，可适当增加钾肥、稀土、硅肥，配合地面铺反光膜。

三、学(预)习记录

熟悉果园覆草割草技术标准要求，填写表3-7。

表3-7　果园9月土壤和水分管理技术要点

序号	项目	技术要点及作用
1	覆盖保墒技术	
2	排水防涝技术	
3	割草技术	

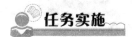 **任务实施**

一、实施准备

准备工具材料见表3-8。

表3-8　果园土壤管理所用的工具、材料(可以按组填写)

实训项目：果园土壤管理技术				
种类	名称	数量	用途	图片
材料	不同树龄果树	N棵	实施对象	
	土	按需而定	压草	
	地膜	按需而定	覆盖	
	玉米秆、麦秆或自然杂草、青草	按需而定	覆盖	
工具	铁锹	2把/组	挖土行	
	耙子	2把/组	耙杂物	
	割草机	2个	割草	

二、实施过程

任务实施过程中，学生要合理安排时间，按照起垄排水防涝、覆草和割草技术要点规范操作，分工合作完成。

(一)小组分组

以 4 人/组为宜。

(二)实施流程

教师讲解——教师示范——学生代表示范——学生点评——教师点评——分组实践。

(三)实践操作

按照土壤、水分管理技术要点进行分组实践，每组 10 行以上。

(四)思考反馈

1. 简述秋季覆盖保墒、增肥技术。

2. 简述排水防涝技术。

3. 简述割草技术。

🖮 任务评价

小组名称		组长		组员				
指导教师		时间		地点				
评价内容				分值	自评	互评	教师评价	
态度(20分)		遵纪守时，态度积极，团结协作		20				
技能操作 (60分)		覆草、覆膜位置确定适宜		10				
		覆草厚度、数量是否符合要求		10				
		割草是否符合要求		10				
		覆土严实程度		10				
		爱护工具，注意安全		10				
		覆膜是否平展		10				
创新能力(20分)		发现问题、分析问题和解决问题的能力		20				
各项得分								
总分								

任务五　9月至10月中旬病虫害绿色防控技术

任务描述

9月至10月中旬主要病虫害防控，应抓好除袋前、除袋后这两个关键时期。按照绿色园艺产品病虫害防治标准化的要求，科学合理使用农药，达到防病保优和提质增效的目标。

任务目标

知识目标：熟悉9月至10月中旬苹果病虫害绿色防控的工作任务内容；掌握9月至10月中旬苹果树防控的主要病虫害种类及发生规律。

能力目标：能根据除袋前、除袋后病虫害发生情况，制订科学的综合防治方案，并达到较好的防控效果。

素质目标：培养严谨治学的态度和规范操作的职业道德，提高安全意识；增强学生安全、优质、高效的目标意识，增强学生责任心，按照园艺产品病虫害防治标准化的要求，科学合理使用农药，科技助力苹果丰收。

知识储备

一、9月至10月中旬，为果实着色成熟期、根系第二次生长高峰期

(一)除袋前

除袋前1~2 d(图3-9)，为了防治除袋后果实的黑、红斑点病、炭疽病、果实轮纹病、苦痘病、痘斑病、棉蚜、金纹细蛾及食心虫等危害，同时为了保护叶片，延长叶片寿命，促进果实着色，提高果实品质，应采用杀菌剂、杀虫剂、钙肥和促进着色的钾肥混配使用，可采用以下喷药方案。

(1)60%唑醚·代森联水分散粒剂1 000~2 000倍液(或20%咪鲜·异菌脲悬浮剂1 000~1 500倍液)+40%联苯肼酯乳油3 000~5 000倍液+果蔬钙肥1 000~1 500倍液+0.2%~0.3%磷酸二氢钾或有机钾肥。

(2)70%甲基硫菌灵800倍液+2.5%绿色功夫3 000倍液(或25%灭幼脲悬浮剂2 000倍液)+氨基酸钙500倍液+0.2%~0.3%磷酸二氢钾或有机钾肥。

图3-9　摘袋前套袋苹果

（二）除袋后

除袋后，果皮细嫩，极易感染黑、红斑点病，炭疽病、果实轮纹病、苦痘病、日灼等（图3-10），雨水多时，果面还会出现小裂纹及煤污病和蝇粪病，降低果品商品价值和耐贮藏性。

（a）   （b）   （c）

图3-10　除袋后病害

（a）裂果与水裂；（b）红点病、煤污病和蝇粪病；（c）黑斑

1. 日灼病

（1）病因。由温度过高引起的生理病害。发生在果实的阳面，初期果皮出现局部变白，随后出现水烫状浅色、褐色或黑色斑块，最后病斑变大、凹陷、龟裂（图3-11）。

（2）防治措施。

①避免高温时段摘袋。

②避免外袋和内袋同时摘除。

③连续高温干旱时，喷水或施磷酸二氢钾光合微肥，增加光合效率，减少蒸腾。

图3-11　日灼病

2. 苦痘病

（1）病因。果实成熟期和贮藏期发生的生理病害，由缺钙引起。多发生在靠近果实萼洼处，以皮孔为中心，红色品种为暗红色，黄绿品种为暗绿色，微凹陷，圆斑，形成大小不等褐色凹陷斑，干缩成海绵状，味苦（图3-12）。

（2）防治措施。

①增施有机肥。

图 3‑12　苦痘病

②花后 30～40 d(套袋前)和采收前 30～40 d(除袋前后)各喷 2～3 次喷氨基酸钙复合微肥，使用浓度以 300～400 倍液为好。

3. 黑、红斑点病

(1)病因。

①早期落叶病严重，且在除袋前没有防治到位。

②受引起黑点病的弱寄生真菌(粉红聚端孢菌)侵染，出现针尖大的小黑点，后逐渐变大。

③康氏粉蚧危害所致。

④使用劣质果袋或套袋不规范(图 3‑13)。

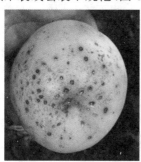
图 3‑13　黑、红斑点病

(2)防治措施。

①加强果园管理。增施有机肥，增强树势，提高果园抗病能力。注意冬夏结合修剪，改善树冠通风透光条件。

②合理选用农药。

③选用优质果袋，套袋时，一定要扎紧袋口。

④摘袋前后及时补钙和杀菌。

对于连阴雨较多的年份或黑、红斑点病较重的果园，除袋后 1～2 d 内，及时补喷一次药剂，起到防病补钙的作用。不宜用化学杀菌剂，应用生物杀菌剂，减轻果实污染。常用的生物杀菌剂：4％农抗 120 水剂 600～800 倍液(或 10％多氧霉素可湿性粉剂 1 000 倍液)＋生物钙肥或氨基酸钙肥 500 倍液，以减轻黑、红斑点病的发生，提高果实品质和耐贮藏性。

二、学(预)习记录

熟悉苹果 9 月至 10 月中旬主要病虫害的防治方法，填写表 3-9。

表 3-9　9 月至 10 月中旬主要病虫害的防治技术要点

序号	项目	9 月至 10 月中旬主要病虫害防治技术要点
1	日灼病	
2	苦痘病	
3	黑、红斑点病	

 任务实施

一、实施准备

准备工具材料见表 3-10。

表 3-10　9 月至 10 月中旬主要病虫害防治技术所用的工具、材料

实训项目：病虫害绿色防控技术				
种类	名称	数量	用途	图片
材料	果园	1 个	实施场所	
	唑醚·代森联	按需而定	防治早期落叶病和黑、红斑点病	
	咪鲜·异菌脲	按需而定	防治叶斑病和炭疽病	
	联苯肼酯	按需而定	杀虫杀螨	
	甲基硫菌灵	按需而定	杀菌	
	灭幼脲	按需而定	杀虫剂	

种类	名称	数量	用途	图片
材料	农抗 120	按需而定	防治黑、红斑点病	
	多抗霉素	按需而定	防治黑、红斑点病	
	磷酸二氢钾	按需而定	提高叶片质量，促进果实着色	
	氨基酸钙复合微肥	按需而定	预防苦痘病、痘斑病，提高果实品质	
	糖醇钙	按需而定	预防苦痘病、痘斑病，提高果实品质	
	水	按需而定	盛水和配制药液	
工具	塑料桶	2 个/组	盛水和配制药液	

实训项目：病虫害绿色防控技术

二、实施过程

任务实施过程中，学生要合理安排时间，根据教师示范操作要点规范操作，分工合作完成。

(一)小组分组

以 2 人/组为宜。

(二)实施流程

教师讲解——教师示范——学生代表示范——学生点评——教师点评——分组实践。

(三)实践操作

按照 9 月至 10 月中旬病虫害防治技术要点进行分组实践，每组完成 10 株以上。

(四)思考反馈

1. 简述除袋后防治技术。

2. 简述黑、红斑点病发生的原因。

3. 简述日灼病识别。

⌨ 任务评价

小组名称		组长		组员		
指导教师		时间		地点		
评价内容			分值	自评	互评	教师评价
态度(10分)	遵纪守时，态度积极，团结协作能力		10			
技能操作 (90分)	除袋后，能快速准确识别常见套袋果实病害，并能说明发病原因及防治措施		40			
	能按要求进行防护；能正确选择农药配方；能按要求喷施，且细致周到；认真完成各项步骤		50			
各项得分						
总分						

项目二　10月苹果管理技术

节气：寒露、霜降。

物候期：秋梢停长、晚熟果成熟着色。

管理要点：叶面喷肥、铺反光膜、摘叶转果、采晚熟果、及时预冷入库、秋施基肥和防治病虫害。

任务一　果实采收期施肥技术

任务描述

9月底至11月初，果实采收完毕，花芽分化已经初步完成，养分开始回流，因此新根生长加快，出现了第三次根系生长高峰。秋施基肥(有机肥)配合氮磷钾复合肥是本次施肥的关键。

任务目标

知识目标：熟悉果实成熟、采收期施肥管理技术的标准要求和注意事项。

能力目标：结合生产能完成果实成熟、采收期肥料管理。

素质目标：培养安全意识和团结协作意识；培养爱岗敬业甘于奉献的劳模精神。

知识储备

肥料管理技术

一、果实采收前：主要进行叶面喷肥

(1)果实采收前，叶面喷果友氨基酸；果壮丽素300～500倍液加盖利斯400倍液；重钙800～1 000倍液，加磷酸二氢钾400倍液，促进果实着色。

(2)10月，采收前1周内，叶面喷施300～500倍有效钙，含量在10％以上的中量元素水溶肥或氯化钙1～2次。落叶前2周内叶面喷5％的尿素水溶液2次。喷0.3％黄腐酸钾溶液或沼肥原液，保护好叶片。

二、果实采收期

主要进行秋施基肥，基肥要早施多施，以腐熟农家肥（或商品有机肥）为主，化肥为辅，适当补充生物菌肥。

（一）秋季施肥最佳时期

早、中熟品种在采收之后（9月上旬），中晚熟及晚熟品种在采收之前（9月下旬）施肥为宜，即果树秋梢停长后，最迟不能晚于10月底。

（二）施肥种类

1. 有机肥

有机肥为含有经发酵、分解能释放出无机养分的有机物质的肥料。

（1）常用农家肥：牛粪、鸡粪、猪粪、马粪和羊粪（图3-14）。

图3-14 常用农家肥

（2）杂肥。各种饼肥、鱼杂肥。

（3）绿肥。草木樨、苜蓿、三叶草等（图3-15）。

(a)　　　　　　　　　　(b)

图3-15 绿肥

（a）豆科绿肥；（b）禾本科绿肥

（4）商品有机肥。将有机肥进行无害化处理后，得到商品有机肥（图3-16）。

（5）生物有机肥。含有不同种类及一定数量的有益生物菌。

（6）无机肥料。由无机物质组成的肥料。

图 3 - 16　商品有机肥

(7)微生物肥料。一类含有活微生物的特定制品,又称菌肥。

2. 施肥原则

(1)有机肥料与无机肥料配合施用。

(2)N、P、K 三要素合理配比,重视钾肥施用。

(3)不同施肥方法结合运用,但以基肥为主。

3. 秋季施肥的最佳区域

秋季施肥的最佳区域在树冠投影边缘下 60 cm 、深 40~50 cm 的土壤内(图 3 - 17)。

图 3 - 17　秋季施肥的最佳区域

4. 施肥方法

(1)环状施肥。在树冠垂直投影外围挖宽 40 cm 左右、深 60 cm 的环状沟,将肥料与表土混合均匀后施入,沟内覆土。此方法主要用于密度较稀的果园幼树、初果期树,它的优点是操作简单经济;缺点是挖沟时易切断水平根,施肥范围较小。注意:逐年向外更换位置(图 3 - 18)。

(2)条状施肥。在行间开沟施肥,条沟宽 30 cm、深 25~30 cm,施肥后将沟填平、浇水。适宜机械作业(图 3 - 19)。

(3)放射状施肥。在树冠下,距主干 1 m 以外处,以树干为中心点,顺水平根方向放射状挖 4~6 条沟施肥。长度一般为 60 cm 左右,沟宽 30~40 cm,深 30 cm,以不伤大根为宜,将肥料与表土混合施入,覆土。注意:一年左右要更换放射沟的位置,提高施肥面,加强根系吸收(图 3 - 20)。

(4)穴状施肥。在树冠半径 3/4 处挖 8~10 个穴,穴的直径为 30 cm 左右,将肥料施

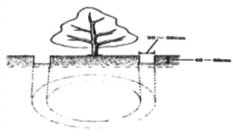

图 3-18　环状施肥

图 3-19　条状施肥　　　　　图 3-20　放射状施肥

入,与土拌匀,这种方法多用于幼树或树密度较稀的果园(图 3-21)。

(5)全园施肥。先将肥料全园撒施,后翻入土中,可用于成年果园或密植园。适宜机械作业(图 3-22)。

图 3-21　穴状施肥　　　　　图 3-22　全园施肥

5. 施肥量

依据产量高低和树势强弱,按照斤果斤肥的标准,将全年所需的农家肥一次施入,并配施全年化肥总量的 60%～70%,亩施复合菌肥 25～30 kg。幼园亩施有机肥 1 000～2 000 kg。施肥深度要达 40 cm 以上,根据土壤墒情抢墒施入,务必做到水肥同步。

6. 沤肥方法

(1)准备材料。将动物排泄物及植物秸秆等废弃物混合后推开(混合物含水率最好控制在 40%～60%)。

(2)添加生物发酵剂。按照每吨农家肥加 2 kg 生物发酵剂，拌匀并堆起，高 70～80 cm、宽 1.5 m 左右、长度不限，并轻轻拍紧。

(3)做好防晒。堆成后防止淋雨和太阳直射，堆上可盖一层草。

(4)发酵。有机肥加入发酵剂和水后，堆高 1.5 m，大小因肥量多少而定，在堆上盖草、塑料、泥土等保湿，自热发酵 2～3 d 后，当堆温达 35 ℃ 翻动 1 次，之后 5～7 d 翻动 1 次。翻动过程调节含水分在 60% 以上，经 15 d 有机肥变成黑褐色、细碎时发酵完成，进土密封保存。湿度高时堆外可盖草、遮阳网等降温。堆温可达 60 ℃ 入保存阶段，保存时加水到含水分在 80% 以上，堆高 1.5 m×直径 5 m，外抹一层 3 cm 厚泥以上机肥变质(发白)，肥效降低。因此，在发酵、保存期间堆内有机肥温度维持在 35 ℃ 以下为宜。

7. 施肥量

依据产量将全年所需有机肥一次施入，并配施速效氮肥的 2/3，全部磷肥、钾肥的 1/3，中微量元素的全部为宜。施肥后根据墒情及时灌水。

(1)结果树施肥量计算。例如：据研究，一般果园平均每生产 100 kg 苹果需纯氮 0.8 kg，纯磷 1 kg，纯钾 1.2 kg；

每千克风干猪粪：纯氮 9.58 g，纯磷 4.43 g，纯钾 9.5 g；

每千克风干羊粪：纯氮 12.62 g，纯磷 2.7 g，纯钾 13.33 g；

每千克风干人粪尿：纯氮 99.73 g，纯磷 14.21 g，纯钾 27.94 g。

因此，生产 100 kg 有机果品约需腐熟的猪粪 225.7 kg、羊粪 370.4 kg、人粪尿 70.4 kg。

施肥量选按产量算出"氮、磷、钾"三大营养物质纯用量，再按肥料各营养成分有效含量算出肥料量，最后计算出平均每株树的肥量。如果有机肥不足，可用化肥补充。

(2)幼树施肥量计算。幼树施肥量按树龄、树势、树体大小灵活确定。

一般一年生幼树株施腐熟羊粪 10 kg＋0.3 kg 复合肥(N 20%、P_2O_5 10%、K_2O 10%)，每年每株按此量递增。

由于果园土壤肥力高低、树势强弱、产量和树体大小在同一果园有差异，可据情况适当增减肥量。

8. 施肥注意事项

(1)秋季施肥以有机肥作为基肥。有机肥不足时用化肥代替，化肥用量为全年肥量的 60%。

(2)注重营养元素平衡性，多肥料混合使用。

(3)有机肥必须充分腐熟，使用前堆沤发酵充分，必须与土壤搅拌均匀后添入施肥坑内，以免造成烧根。

(4)特别注意肥料一定施在根系集中区。

(5)据树势、产量、树体大小、土壤肥力适当调整用量。

(6)增加生物菌肥的用量。大量有益微生物补充到土壤后，在作物根系周围形成保护屏障，抑制有害菌的生长繁殖，土壤环境得到净化，疏松土壤，消除板结，中和碱性，降低土壤盐碱危害。

三、学(预)习记录

熟悉施肥技术标准要求，填写表 3－11。

表 3－11　果园秋施基肥技术要点

序号	项目			技术要点及注意事项
1	施肥技术	叶面喷肥		
		土壤施肥	最佳时期	
			肥料种类	
			施肥方法	
			施肥量	
2	沤肥方法			

任务实施

一、实施准备

准备工具材料见表 3－12。

表 3－12　果园秋施基肥所用的工具、材料

实训项目：果园秋施基肥技术				
种类	名称	数量	用途	图片
材料	不同果龄果树	N 棵	实施对象	
	有机肥料无机肥料	N 袋	施肥材料	
	水	N 方	浇灌	
工具	铁锹	2 把/组	挖土行	
	耙子	2 把/组	耙杂物	

二、实施过程

任务实施过程中，学生要合理安排时间，按照秋季施肥原则和技术要点进行规范操作，分工合作完成。

(一)小组分组

以 4 人/组为宜。

(二)实施流程

教师讲解——教师示范——学生代表示范——学生点评——教师点评——分组实践。

(三)实践操作

按照秋季施肥原则和要点进行分组实践，完成施肥任务，每组10行以上。

(四)思考反馈

1. 简述秋施基肥最佳时期。

2. 简述秋施基肥种类。

3. 简述苹果秋季施肥的原则。

4. 简述苹果施基肥的方法。

5. 简述施基肥注意事项。

任务评价

小组名称		组长		组员			
指导教师		时间		地点			
评价内容				分值	自评	互评	教师评价
态度(20分)	遵纪守时，态度积极，团结协作			20			
技能操作 (60分)	施肥方法是否得当			10			
	肥料是否搅拌均匀			10			
	按要求的施肥量足量施、是否施入适宜位置			10			
	覆土严实程度			10			
	爱护工具，注意安全			10			
	叶面喷肥是否均匀			10			
创新能力(20分)	发现问题、分析问题和解决问题的能力			20			
各项得分							
总分							

知识链接

苹果施用的肥料类型

任务二　10月下旬至11月上旬苹果病虫害防治技术

任务描述

10月下旬至11月上旬为晚熟苹果果实成熟采收期。主要病虫害为腐烂病、棉蚜及叶部病害等，但采收期不喷任何药剂。采收后1周做到保护叶片，减少越冬病虫基数。

任务目标

知识目标：熟悉采收期果实分类分级。

能力目标：学会进行科学采收，减少贮藏期病害的发生次数。

素质目标：养成严谨治学的态度；培养规范操作的职业道德；培养安全意识和社会责任心。

知识储备

一、采收期

采收期不喷任何药剂，做到适期分批采收，保证果实品质。过早采收产量低、质量差，不能体现本品种的特有色泽；过晚采收会出现落果，加重病虫害的发生，尤其雨后出现黑、红斑点病。

二、分级选果

严格剔除病、虫果，如图3-23所示。

图 3 - 23　分级选果剔除病、虫果

三、果实采收

果实采收后1周，为了保护叶片，减少越冬病虫基数，可喷70%甲基硫菌灵可湿性粉剂 1 000 倍液＋0.5％磷酸二氢钾(或 0.3％黄腐酸钾)＋40％毒死蜱乳油 1 500 倍液。

四、学(预)习记录

熟悉苹果 10 月下旬至 11 月上旬主要病虫害的防治方法，填写表 3－13。

表 3－13　10 月下旬至 11 月上旬主要病虫害的防治技术要点

序号	项目	10 月下旬—11 月上旬主要病虫害的防治技术的要点
1	苹果树腐烂病	
2	主要叶部病害	
3	棉蚜	

 **任务实施**

一、实施准备

准备工具材料见表 3－14。

表 3－14　10 月苹果主要病虫害绿色防控所需材料、工具

实训项目：苹果病虫害防治技术				
种类	名称	数量	用途	图片
材料	果园	1 个	实施	
	甲基硫菌灵可湿性粉剂	按需而定	减少腐烂病和叶部病害基数	
	磷酸二氢钾	按需而定	延长叶片寿命和增强抗逆性	
	氨基酸钙复合微肥	按需而定	防治缺钙症和硬度	
	水	按需而定	配制药液	
工具	喷雾器或无人喷药机	8 个或 1 个	喷洒农药	
	塑料桶	2 个/组	盛水	

二、实施过程

任务实施过程中，学生要合理安排时间，根据教师示范操作要点规范操作，分工合作完成。

(一)小组分组

以 2 人/组为宜。

(二)实施流程

教师讲解——教师示范——学生代表示范——学生点评——教师点评——分组实践。

(三)实践操作

按照 10 月下旬至 11 月上旬病虫害防治技术要点进行分组实践，每组完成 10 株以上。

(四)思考反馈

1. 腐烂病发生两个高峰期，第二个高峰期在什么时期？

2. 采收后 1 周，喷药的作用是什么？常用哪些药剂？

📖 任务评价

小组名称		组长		组员			
指导教师		时间		地点			
评价内容			分值	自评	互评	教师评价	
态度(5分)	遵纪守时，态度积极，团结协作能力		5				
技能操作 (95分)	能快速准确识别常见套袋果实病害，并能说明发病原因及防治措施		30				
	能根据调查结果，科学合理制订除袋前、除袋后及采收后的防治方案		45				
	能按要求进行防护；能正确选择农药配方；能按要求喷施且细致周到；认真完成各项步骤		20				
各项得分							
总分							

项目三　11月苹果管理技术

节气：立冬、小雪。

物候期：落叶。

管理要点：秋耕保墒、清洁果园、树干防护、冬灌保墒、果实分级、入库贮藏。

任务　苹果贮藏保鲜

任务描述

苹果采收后，果实被切断了来自母体的水分和养分供应，转为利用自身贮存的营养物质来维持生命活动。因此，经过一段时间后，果实内水分流失和内容物分解，导致果实的色泽、风味下降，甚至萎蔫、腐烂，失去食用价值。苹果采收期比较集中，大量的果实收获后，市场难以消化，如不采取措施，会导致果实品质下降，销售收入受到影响。通过贮藏保鲜技术可以最大限度地减少苹果内容物的消耗，保持果实新鲜优良的品质，延长果实销售时长和货架期，达到增收的目的。

任务目标

知识目标：掌握苹果采后分级、预冷等的技术要点。

能力目标：能对苹果进行分级、预冷等采后处理。

素质目标：严格按照行业技术标准，培养规范操作意识；养成科学严谨的工作态度和一丝不苟的工作作风。

知识储备

一、苹果贮藏特性

(一)品种及耐贮性

苹果属于仁果类水果，不同品种耐贮性差异较大。红富士、小国光、秦冠等晚熟品种在贮藏过程中硬度和品质变化比较缓慢，而且抗病性强，适合长期贮藏。红星、新红星、乔纳金、北斗等中晚熟品种在贮藏过程中易后熟发面，一般作为中短期贮藏，如采用气调贮藏可延长贮藏期。嘎拉等早熟品种一般只进行周转贮藏。

（二）贮藏过程中易出现的问题

元帅系、富士系贮藏过程中果皮易失水皱缩，更应注意保持湿度。红富士对 CO_2 较为敏感，采用气调贮藏、塑料薄膜小包装贮藏时要防止 CO_2 伤害，一般 CO_2 浓度控制在 2% 以下。

（三）贮藏病害及其防控

苹果贮藏过程中侵染性病害主要包括青霉病、绿霉病和轮纹病；生理性病害主要是低 O_2 和高 CO_2 伤害以及贮藏后期发生的虎皮病。良好的果园管理、及时消灭病虫、减少机械损伤、入库前贮藏场所消毒、控制适宜贮藏环境是防控病害的重要措施。

二、适宜贮藏条件

温度：根据不同品种确定贮藏温度，大多品种适宜 $-2\sim0$ ℃。

相对湿度：90%～95%。

气体成分：富士系，O_2 3%～5%，CO_2 0%～2%；元帅系，O_2 2%～4%，CO_2 3%～5%；金冠系，O_2 2%～3%，CO_2 6%～8%。

三、贮藏设施和方式

多采用高温库加塑料薄膜袋包装进行贮藏。气调库主要用于贮藏满足国内高端市场和国际市场需要的高档苹果。

四、苹果贮藏技术要点

（一）贮藏工艺流程

贮藏前准备→采收→分级→包装→预冷→贮藏→出库。

（二）贮藏前准备

（1）清洁、消毒。常用的消毒杀菌方式有：

①消毒烟雾剂进行熏蒸；

②4%漂白粉溶液进行喷洒消毒或用 0.5%～0.7%过氧乙酸溶液进行喷洒消毒；

③臭氧发生器消毒，按照每 100 m³ 容积 5 g/h 的臭氧发生量配备臭氧发生器，库内臭氧浓度达到 10 mg/L 左右。清洁、消毒后，应打开库门通风。

（2）提前降温。果实入库前 2 d 开启制冷机组，将库温逐步降至 -2 ℃。

（三）采收

苹果应适时采收，可通过果实硬度、生长天数和可溶性固形物含量等多个指标综合判定采收期。拟长期贮藏的苹果应在 85%～90% 成熟度时采收，此时果实种子已变褐，风味品质基本形成。

(四)分级

根据果实大小对苹果进行分级,分级标准可参照《鲜苹果》(GB/T 10651—2008)或采购商的具体要求。分级时要轻拿轻放,减少机械损伤,建议采用机械分级设备,提高分级效率。

(五)包装

红富士宜用微孔袋扎口或用地膜在箱内垫衬折口包装方式,以减少失水、防止 CO_2 伤害。元帅系、乔纳金、金冠、嘎拉可用苹果专用硅窗保鲜袋扎口贮藏。

(六)预冷

(1)使用预冷库进行预冷,堆码密度一般不超过 200 kg/m³,用不锈钢铁箱包装时,堆码密度可增加 10%~20%。

(2)预冷库温应为(0±0.5)℃。

(3)预冷终止时苹果果温应降至 5 ℃以下,且不低于后续贮藏温度。

(七)贮藏

(1)码垛。纸箱包装时,箱上必须设计通气孔,垛间和箱间留有通道和间隙,并考虑纸箱承重,防止下层箱内果实被压伤或塌垛。

(2)温度控制。以采用氟利昂制冷机组的冷藏库为例,如将温度设置定为−1 ℃,幅差值 1 ℃,设备即在−2~0 ℃区间运行。

(3)湿度控制。冷藏库内相对湿度控制在 90%~95%。

(4)气体控制。采用塑料薄膜包装袋贮藏,要定期检测包装袋内气体成分含量,富士系袋内 O_2 不低于 3%, CO_2 不超过 2%;元帅系袋内 O_2 不低于 2%, CO_2 不超过 5%;金冠系袋内 O_2 不低于 2%, CO_2 不超过 8%。

苹果贮藏期间会释放出大量乙烯,加速果实衰老,也会诱发和加重虎皮病。因此,要适时通风排除库内乙烯。

(5)融霜。注意观察蒸发器结霜情况,当蒸发器上有白色霜层但是没有明显阻挡出风时即应除霜,一次融霜时间为 25~30 min。冷库温控仪上有融霜间隔时间设置功能,融霜间隔根据贮藏阶段设定。入库初期间隔短,10~20 h 融霜 1 次;温度稳定后间隔时间加长,几天至十几天 1 次;冬季制冷机运行少时融霜间隔可更长。实际使用过程中还应根据冷库运行情况及时调整融霜间隔,既及时融霜,又不出现无霜或少霜时频繁加热导致库温波动的情况。

(八)出库

应根据贮藏苹果质量变化情况及市场行情适时出库销售。红富士冷库贮藏一般 7 个月以内，在翌年 5 月前后出库；果品全部出库后，要清扫冷库，以备下次使用。

五、学(预)习记录

熟悉苹果贮藏保鲜技术，填写表 3 - 15。

表 3 - 15　苹果贮藏保鲜技术的要点

序号	贮藏保鲜技术	技术要点
1	贮藏前准备	
2	采收	
3	分级	
4	包装	
5	预冷	
6	贮藏	
7	融霜	
8	出库	

任务实施

一、实施准备

准备工具材料见表 3 - 16。

表 3 - 16　苹果贮藏保鲜技术所用的工具、材料(可以按组填写)

实训项目：苹果贮藏保鲜技术				
种类	名称	数量	用途	图片
材料	漂白粉	N kg	消毒	
	微孔袋	N 个	内包装	
	保鲜纸	N 张	内包装	
	发泡网	N 个	内包装	

实训项目：苹果贮藏保鲜技术				
种类	名称	数量	用途	图片
工具	瓦楞纸箱	N 个	包装	
	大不锈钢铁筐	N 个	包装	
	小型叉车	1 辆	搬运	

二、实施过程

(一)小组分组

以 3 人/组为宜。

(二)实施流程

教师讲解——教师示范——学生代表示范——学生点评——教师点评——分组实践

(三)实践操作

按照苹果贮藏保鲜技术要点进行分组实践。

(四)思考反馈

1. 简述苹果贮藏特性。

2. 简述苹果适宜贮藏条件。

3. 简述苹果贮藏技术要点。

📋 任务评价

小组名称		组长		组员				
指导教师		时间		地点				
评价内容				分值	自评	互评	教师评价
态度（20分）	遵纪守时，态度积极，团结协作			20			
技能操作（60分）	贮藏前准备是否符合要求			10			
	操作熟练程度			10			
	预冷是否得当			10			
	分级是否正确			10			
	爱护工具，注意安全			10			
	工艺流程是否按顺序进行			10			
创新能力（20分）	发现问题、分析问题和解决问题的能力			20			
各项得分							
总分							

🧰 知识链接

根据苹果外观对苹果分等级

167

模块四 冬季苹果管理技术

项目一 12月苹果管理技术

节气：大雪、冬至。
物候期：休眠。
管理要点：整形修剪、树干涂白、防治病虫害。

任务一 矮化密植树冬季修剪技术

 **任务描述**

矮化密植栽培模式是苹果生产的发展方向，整形修剪是苹果生产技术员必备的一项专业技术技能。矮化密植冬季整形修剪应该做到"心中有数、应用得当"。

任务目标

知识目标：掌握苹果高纺锤形、细长纺锤形树体结构特点。
能力目标：能结合品种、砧木、栽植密度、立地条件、栽培模式、管理水平等条件，制订冬季修剪技术实施方案并熟练操作。
素质目标：培养吃苦耐劳的劳动精神和踏实敬业的劳模精神。

知识储备

整形修剪是苹果生产中重要的农艺栽培管理技术措施，可改善果树群体与个体树冠内光照条件、有效光合面积，平衡调节生长与结果之间的矛盾，维持树体适度营养生长，促进花芽分化和果实生长，构建适度的树形和适宜的树势，从而发挥果树最大的生产潜能。

一、树体基本结构

（1）主干。地面至第一主枝。
（2）中心干。树冠中的主干垂直延长部分。
（3）主枝。中心干上的永久性分枝。
（4）侧枝。主枝上的永久性分枝。
（5）骨干枝。组成树冠骨架的永久性枝的统称，如中心干、主枝、侧枝等。

(6)延长枝。各级骨干枝的延长部分。

(7)结果枝组。由结果枝和生长枝组成的枝条。

二、枝芽类型

(1)二年生枝。一年生枝春季萌发后称二年生枝。

(2)一年生枝。落叶后至萌芽前的枝条。

(3)新梢。落叶前的多年生枝。

(4)副梢。二次枝以上的枝条统称。

(5)春梢。春季芽萌发至第一次停止生长形成的一段枝条。

(6)秋梢。春梢停止生长或形成顶芽之后又继续萌发生长的一段枝条。

(7)一次枝。春季萌芽后第一次生长的枝条。

(8)二次枝。当年一次枝上抽生的枝条。

(9)营养枝(生长枝)。所有生长枝的总称,包括长、中、短三类生长枝、叶丛枝、徒长枝。

(10)长枝。长度为 15 cm 以上的生长枝。

(11)中枝。长度为 5～15 cm 的生长枝。

(12)短枝。长度为 5 cm 以下的生长枝。

(13)徒长枝。树冠内萌发出来的垂直生长的枝条。生长快,节间长,组织多不充实。

(14)叶丛枝。节间短,叶片密集,常呈莲座状的短枝,长度为 1～3 cm。

(15)结果枝。着生花芽的枝条。

(16)长果枝。长度为 15 cm 以上的结果枝。

(17)中果枝。长度为 5～15 cm 的结果枝。

(18)短果枝。长度为 5 cm 以下的结果枝。

(19)果台。着生果实部位偏大的当年生枝。

(20)果台副梢。结果枝开花结果后,由果台上抽出的新梢。

(21)花芽。开花或开花结果的芽。

(22)叶芽。萌发枝叶的芽。

(23)混合芽。既能抽枝长叶、又能开花结果的芽。

(24)纯花芽。芽内只有花器的花芽。

(25)腋花芽。在新梢叶腋间形成的花芽。

(26)单芽。在一个芽的节位上着生一个芽。

(27)复芽。在一个芽的节位上着生两个以上的芽。

(28)潜伏芽。一年生枝上未萌发而潜伏下来的芽。

三、苹果枝芽生长习性

(1)顶端优势。位于枝条顶端的芽或枝条,萌芽力和生长势最强,而向下依次减弱的现象,称为顶端优势。枝条越是直立,顶端优势表现越明显。水平或下垂的枝条,由于极性的变化，顶端优势减弱，被极性部位所取代。

(2)垂直优势。芽的垂直部位越高，萌发力越强的现象称为垂直优势。此现象在下垂枝上表现最为明显。

(3)芽的异质性。在一个枝条上，芽的大小和饱满程度有很大差异，称为芽的异质性。一般基部芽的质量差，中上部芽的质量好，而近顶端的几个芽质量也较差。在春秋梢生长的枝条上，除有上述规律外，在春秋梢交界处，节部芽极小，质量很差，或无芽，称为盲节。

(4)芽的晚熟性：苹果当年形成的芽不萌发，到第二年春季才萌发，这种特性称为芽的晚熟性。

(5)萌芽率和成枝力。一年生枝条上芽的萌发数量以百分比表示为萌芽率。而萌发的芽有抽生 15 cm 以上长枝的能力为成枝力。

(6)层性。树冠的中心干上，主枝发布成层的现象称为层性。不同树种品种的果树，由于顶端优势强弱、萌芽率和成枝力的不同，层性的明显程度有很大的差异。

(7)分枝角度。枝条抽出后与其着生枝条间的夹角称为分枝角度。由于树种品种不同，分枝角度有很大的差异。在一年生枝上抽生枝条的部位距顶端越远，则分枝角度越大。

(8)枝干比。主枝与着生部位中心干之间的粗度比。

四、冬季修剪方法

苹果冬季修剪包括疏枝、缓放(长放)、短截、回缩四种方法。

1. 疏枝

疏枝又称疏剪，把一年生枝或多年生枝从基部疏除。

疏剪可调节枝条密度，使树上枝条分布均匀、合理，改善通风透光条件，促进花芽形成，提高产量和质量；疏枝能促进剪口后部枝芽的生长势，抑制剪口前部的枝芽的生长势。疏枝及时，可以减少不必要的营养消耗，有利于营养集中。疏枝的主要对象是强旺竞争枝、背上直立枝、徒长枝、过密枝、细弱枝、病虫枝等。

2. 缓放

对一年生枝长放不剪，主要作用是缓和树势，增加中、短枝数量，促进花芽形成。用于缓放的枝条主要是辅养枝及主枝两侧的斜生枝和水平枝。

3. 短截

短截又称短剪，即剪去一年生枝的一部分。根据短剪的程度可分为轻短截、中短截、重短截、极重短截四种。

(1)轻短截。只剪顶芽，或剪去先端很少部分。由于剪枝极轻，留芽较多，养分分散，且剪口下的芽均是半饱满芽，因此枝梢生长不旺，多发生中、短枝，具有缓和长势、促进花芽分化的作用。

(2)中短截。一般在一年生枝春梢中部饱满芽处剪截。由于留芽较少，营养较集中，且剪口下为饱满芽，因此常发生较少、较强的枝梢，长枝多，短枝少。中短截适用于增强中央领导干、主枝延长枝长势时采用。

（3）重短截。在一年生枝春梢半饱满芽处剪截的短截方法。由于留芽少，剪后萌发枝少，养分集中，枝常强旺。一般剪口下仅抽生1～2个旺长枝或中枝，其总生长量小，剪口枝较强。这种短截常用于培养中小型结果枝组。

（4）极重短截。在枝条基部只留1～2个瘪芽进行短截，一般只抽生1～2个较旺新梢。多用于徒长枝、竞争枝的短截。

4. 回缩

回缩又称缩剪，是指剪去多年生枝的一部分。

回缩主要用于骨干枝和结果枝组的更新复壮。一般情况下结果枝组不结果不回缩。回缩的部位一般要选择在壮枝壮芽处。

五、苹果整形修剪技术发展趋势与特点

随着劳动力成本不断增加，苹果栽培模式由"乔化稀植"向"矮化密植"转变；管理模式由"劳动密集型"向"省力化栽培"转变；苹果树整形修剪技术也面临由"精细化"向"简约化""费时费工"向"省力省工"转变。选用高光效、简约化树形，推广省力化修剪技术，是苹果整形修剪技术的发展趋势。

（一）树形的选择与培养体现"高光效"特征

矮化密植（乔化树矮化管理模式）苹果园，为了便于机械作业，多采用"宽行距、窄株距"的栽培模式，选择高纺锤形或细长纺锤形等"高光效"树形为主，树体结构趋向简约化、级次少，维持中心干绝对生长优势，其上直接着生中、小主枝，作为基本结果单元。

（二）修剪技术向简易化、省工化方向发展

冬季修剪时，主要采用缓放、疏除的修剪方法，适度采用回缩修剪，较少采用短剪；生长季修剪时，重视开角、拉枝、疏除等修剪方法，较少应用摘心、扭梢、拿枝等修剪方法。

（三）提倡"四季修剪"，重视生长季修剪

矮化密植（乔化树矮化管理模式）苹果园，一年四季都应进行修剪，特别是在幼树期和初果期，生长季修剪更为重要。冬季修剪，更要注重对树体骨架结构的调整，如小主枝的选留与更新、枝组更新等；生长季修剪，不仅能加快树形培养（如"拉枝"是培养纺锤形树形最重要的技术措施之一），还能促进花芽形成。

（四）重视优质结果枝组的培养与更新

结果枝组是果树结果的基本单位，结果枝组的类型、数量及布局对结果量、果实质量都有重要影响。在高纺锤形或细长纺锤形树形修剪中，更加注重对单轴延伸小主枝或结果枝组的培养。对过粗或过长的小主枝及时疏除更新，保持无永久性主枝状态。

六、高纺锤树形整形修剪技术

(一)树体结构特点

高纺锤形整体树形呈高细纺锤状或圆柱状，成形后树冠冠幅小而细高，高纺锤形树干高 80～90 cm，树高 3.5～4 m，冠径 1～1.5 m，主枝 30～50 个，在中央领导干上均匀分布，呈螺旋式上升排列，相邻主枝间距 6～10 cm。中央领导干与同部位的主枝基部粗度之比 5～7：1，主枝开张角度 90°～120°，保持单轴延伸。

(二)整形技术

1. 第一年修剪

对生长健壮的中心干延长头实施缓放（弱的实施中短截）；主干上距地面 50 cm 以下的枝条全部疏除；中心干上如有抹芽时遗漏的竞争枝，留 1～3 cm 平台疏除；其余枝条全部缓放，中心干上小主枝（枝组）数量达到 7 个以上。

2. 第二年修剪

对生长健壮的中心干延长头实施缓放（弱的实施中短截）；中心干延长头竞争枝留 1～3 cm 平台疏除；中心干上枝干比超过 1/2 的枝条实施疏除；中心干其余枝条全部缓放，其上小主枝（枝组）数量达到 1 个以上。

3. 第三年修剪

对生长健壮的中心干延长头实施缓放（弱的实施中短截）；中心干和小主枝（枝组）延长头竞争枝以及枝干比 1/2～1/3 的枝条实施疏除；小主枝（枝组）上大的分枝实施疏除，保持单轴延伸；中心干其余枝条全部缓放，其上小主枝（枝组）数量达到 25 个以上。

4. 第四年修剪

中心干和小主枝（枝组）延长头竞争枝以及枝干比 1/3～1/4 的枝条实施疏除；小主枝（枝组）上大的分枝实施疏除，保持单轴延伸；中心干其余枝条全部缓放，其上小主枝（枝组）数量达到 30 个以上。

5. 第五年以后修剪

严格控制小主枝（枝组）的长度，对于过长、过粗枝组实施留 2～3 cm 斜桩疏除；小主枝（枝组）上大的分枝实施疏除，保持单轴延伸；中心干其余枝条全部缓放，其上小主枝（枝组）数量达到 35～40 个，树冠成形。

七、细长纺锤树形整形修剪技术

(一)树体结构特点

细长锤形整体树形呈高细纺锤状，成形后树冠冠幅小而细高，细长纺锤形树干高 70～80 cm，树高 3～3.5 m，冠径 1.5～2.0 m，主枝 15～20 个，在中央领导干上均匀分布，呈螺旋式上升排列，相邻主枝间距 10～15 cm。中央领导干与同部位的主枝基部粗度之比 5～7∶1，主枝开张角度 90°，保持单轴延伸。

(二)整形修剪技术

1. 第一年修剪

对生长健壮的中心干延长头实施缓放(弱的实施中短截)；主干上距地面 50 cm 以下的枝条全部疏除；中心干上如有抹芽时遗漏的竞争枝，留 1～3 cm 平台疏除；其余枝条全部缓放，中心干上小主枝(枝组)数量达到 4～5 个以上。

2. 第二年修剪

对生长健壮的中心干延长头实施缓放(弱的实施中短截)；中心干延长头竞争枝留 1～3 cm 平台疏除；中心干上枝干比超过 1/2 的枝条实施疏除；中心干其余枝条全部缓放，其上小主枝(枝组)数量达到 8～10 个以上。

3. 第三年修剪

对生长健壮的中心干延长头实施缓放(弱的实施中短截)；中心干和小主枝(枝组)延长头竞争枝以及枝干比 1/2～1/3 的枝条实施疏除；小主枝(枝组)上大的分枝实施疏除，保持单轴延伸；中心干其余枝条全部缓放，其上小主枝(枝组)数量达到 12～15 个以上。

4. 第四年修剪

中心干和小主枝(枝组)延长头竞争枝以及枝干比 1/3～1/4 的枝条实施疏除；小主枝(枝组)上大的分枝实施疏除，保持单轴延伸；中心干其余枝条全部缓放，其上小主枝(枝组)数量达到 16～20 个左右。

5. 第五年以后修剪

严格控制小主枝(枝组)的长度，对于过长、过粗枝组实施留 2～3 cm 斜桩疏除；小主枝(枝组)上大的分枝实施疏除，保持单轴延伸；中心干其余枝条全部缓放，在中心干主枝头部分 1～2 次进行落头修剪，使树高维持在 3～3.5 m 左右，其上小主枝(枝组)数量达到 15～20 个左右，树冠成形。

苹果高纺锤形和细长纺锤形树体结构特性见表 4-1。

表 4-1 高纺锤形和细长纺锤形树体结构特性比较

树形	砧木	密度(株/亩)	树高(m)	干高(m)	主枝数量(个)	主枝角度	枝干比
高纺锤形	矮砧为主	100 以上	3.5～4	0.8～0.9	30～50	90°～120°	1∶(5～7)
细长纺锤形	矮砧为主	80～100	3～3.5	0.7～0.8	15～20	90°	1∶(5～7)

八、学(预)习记录。

熟知矮化密植常用树形结构特点，填写表 4-2。

表 4‑2 高纺锤形树形冬季整形修剪操作技术记录

序号	树龄	操作技术记录	
1	___年生	中心干延长头处理	
		中心干竞争枝处理	
		枝干比(___∶___)	
		小主枝(枝组)处理	
		小主枝(枝组)大分枝处理	
		小主枝(枝组)数量	
2	___年生	中心干延长头处理	
		中心干竞争枝处理	
		枝干比	
2	___年生	小主枝(枝组)处理	
		小主枝(枝组)大分枝处理	
		小主枝(枝组)数量	

任务实施

一、实施准备

1. 工作内容

(1)高纺锤形树形冬季整形修剪技术要点(表 4‑3)。

纺锤形树形冬季整形修剪过程如图 4‑1 所示。

表 4‑3 苹果高纺锤形树形冬季修剪技术要点

树龄	修剪技术要点
一年生树	对生长健壮的中心干延长头实施缓放(弱的实施中短截);主干上距地面 50 cm 以下的枝条全部疏除;中心干上如有抹芽时遗漏的竞争枝,留 1~3 cm 平台疏除;其余枝条全部缓放,中心干上小主枝(枝组)数量达到 7 个以上
二年生树	对生长健壮的中心干延长头实施缓放(弱的实施中短截);中心干延长头竞争枝留 1~3 cm 平台疏除;中心干上枝干比超过 1/2 的枝条实施疏除;中心干其余枝条全部缓放,其上小主枝(枝组)数量达到 15 个以上
三年生树	对生长健壮的中心干延长头实施缓放(弱的实施中短截);中心干和小主枝(枝组)延长头竞争枝以及枝干比 1/3~1/2 的枝条实施疏除;小主枝(枝组)上大的分枝实施疏除,保持单轴延伸;中心干其余枝条全部缓放,其上小主枝(枝组)数量达到 25 个以上
四年生树	中心干和小主枝(枝组)延长头竞争枝以及枝干比 1/4~1/3 的枝条实施疏除;小主枝(枝组)上大的分枝实施疏除,保持单轴延伸;中心干其余枝条全部缓放,其上小主枝(枝组)数量达到 30 个以上

树龄	修剪技术要点
五年生及以上树	严格控制小主枝（枝组）的长度，对于过长、过粗枝组实施留2～3 cm斜桩疏除；小主枝（枝组）上大的分枝实施疏除，保持单轴延伸；中心干其余枝条全部缓放，其上小主枝（枝组）数量达到35～40个，树冠成形

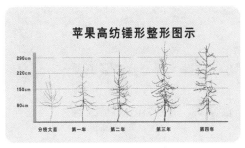  

图4－1 纺锤形树形冬季整形修剪过程

（2）细长纺锤形树形冬季整形修剪。细长纺锤形树形各树龄段生长季节和冬季整形修剪技术基本同高纺锤形，技术不同点主要在于小主枝（枝组）的配置数量及其开张角度。单株小主枝（枝组）的配置数量：一年生树5棵以上，二年生树12棵以上，三年生树18棵以上，四年生树25～30棵，五年生树冠成型；小主枝（枝组）开张角度：长枝型品种角度100°～120°，短枝型品种角度90°。

2. 工具材料

工具材料见表4－4。

表4－4 修剪所用的工具和材料

实训项目：矮化密植树冬季修剪技术				
种类	名称	数量	用途	图片
材料	不同树龄果树	N 棵	实施对象	
	创可贴	1片/人	预防受伤	
工具	修枝剪	1把/人	修剪工具	
	手锯	1把/人	修剪工具	
	折叠三角梯	1个/2人	辅助工具	
	封剪油	N 桶	涂抹剪锯口	

二、实施过程

(一)制定方案

根据修订品种、砧木、栽植密度、立地条件、栽培模式、管理水平等条件，明确树形，制订冬季修剪技术实施方案。

(二)小组分组

以 2 人/组为宜。

(三)实施流程

教师讲解——教师示范——学生代表示范——学生点评——教师点评——分组实践。

(四)实践操作

按照修剪方案和整形修剪技术要点进行分组实践，每组 50 株以上。

(五)思考反馈

1. 制订整形修剪方案应考虑哪些元素？

2. 观察并列述缓放、疏除、留台疏除等修剪方法的修剪反应。

3. 列述实训基地苹果园中整形培养中存在的问题。

4. 列述冬季整形修剪中的注意事项。

小组名称		组长		组员			
指导教师		时间		地点			
评价内容			分值	自评	互评	教师评价	
态度(20分)	吃苦耐劳,认真负责,团结协作		20				
技能操作 (60分)	修剪方案制订		10				
	树体结构分析		10				
	修剪方法应用		10				
	中心干延长头处理		5				
	中心干竞争枝处理		5				
	枝干比控制		5				
	小主枝(枝组)处理		5				
	小主枝(枝组)大分枝处理		5				
	小主枝(枝组)数量选留		5				
创新能力(20分)	发现问题、分析问题和解决问题的能力		20				
各项得分							
总分							

🧰 **知识链接**

延安·洛川苹果矮砧栽培技术规程

任务二　乔化稀植树冬季修剪技术

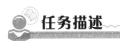
任务描述

　　乔化稀植栽培模式是苹果生产的主要栽培方式之一,乔化稀植小冠开心形枝的整形修剪是苹果生产技术员必备的一项专业技术技能。通过合理的整形修剪,可培养牢固的树体骨架,增强树体负载能力;构造合理的个体和群体结构,改善树体通风透光条件,促进开花坐果，提高产量和品质；协调果树地上部和地下部、生长和结果的关系，实现早果、丰产、优质、高效的生产目的。

🧰 任务目标

知识目标：掌握苹果小冠开心形树体结构特点。

能力目标：能结合品种、砧木、栽植密度、立地条件、栽培模式、管理水平等条件，制订冬季修剪技术实施方案并熟练操作。

素质目标：培养吃苦耐劳的劳动精神和踏实敬业的劳模精神。

⌨ 知识储备

一、苹果小冠开心形树形特点

(1)与传统乔化稀植树形体相比较，小冠开心形树形(图4-2)培养充分遵循苹果树体的生长发育规律，树体结构科学合理，高效实用。合理整形修剪后，果园土地覆盖率一般为75%左右，行间保持1~1.5 m作业道，便于管理。

图4-2 苹果小冠开心形树形

(2)树体主枝数量少，分枝级次少，容易成形，有利结果，便于培养更新，树体成形后，亩枝量应控制在6~8万。树冠光照充足，光能利用率高，树冠透光率达20%~30%，有利于花芽分化和促进果实着色。

(3)枝干比(主枝与主枝着生主干粗度之比)为1：2，骨干枝撑能力强，结果寿命长，主枝牢固，产量高。

(4)主枝上着生单轴延伸连续长放结果枝组，结果枝组呈珠帘状在主枝两侧下垂结果，果实品质好。

(5)冠开心形树较纺锤形树比较，树体培养时期较长，难度较大，不利于机械化和省力化栽植。

二、苹果小冠开心形整形修剪技术

(一)树体结构特点

小冠开心形树主干高度为 1.4～1.5 m,中心干高 2.4～2.5 m,树高 3.0～3.5 m,在中干上保留 3～4 个主枝,主枝间距 30～40 cm 左右。各主枝呈错落排列,主枝开张角度为 70°～80°。主枝上分布大量高、中、低错落有序,大、中、小合理配置的松散下垂状结果枝组(表 4-5)。

表 4-5 小冠开心形(中干)树体结构特点

树形	砧木	密度(株/亩)	树高(m)	干高(m)	主枝数量(个)	主枝角度	枝干比
小冠开心形	乔化砧	22～44	3.5～4	1.4～1.5	3～4	70°～80°	1:(2～3)

(二)整形修剪技术

小冠开心形整形修剪可分为主干形、变则主干形、完成开心形三个阶段。

1. 主干形阶段(1～4 年)

小冠开心形树幼树期整形与细长纺锤形相似,此期树形为主干形(图 4-3)。树高 3～3.5 m,干高 80～100 cm,中心干上均匀分布 15～20 个主枝,3～4 个永久性主枝开张角度通常为 70°～80°,对主枝延长头连续中短截,以促进主枝的营养生长。在永久性主干高度范围内不留大枝,仅保留过渡性辅养枝和结果枝。

图 4-3 1～4 年主干形阶段

这一时期的主要任务是培养强壮直立的中心干,尽快扩展树冠,形成树体基本骨架,辅养枝无大的分枝,培养中、小型结果枝组,促进提早结果。

(1)第 1 年修剪。对生长健壮的中心干延长头实施缓放(弱的实施中短截);主干上距地面 80 cm 以下的枝条全部疏除;中心干上如有抹芽时遗漏的竞争枝,留 1～3 cm 桩极重短截;其余枝条全部缓放,中心干上小主枝(枝组)数量达到 4 个以上。

(2)第 2 年整形修剪。对生长健壮的中心干延长头实施缓放(弱的实施中短截);主干上距地面 100 cm 以下的枝条全部疏除；中心干上如有抹芽时遗漏的竞争枝，留 1~3 cm 桩极重短截；其余枝条全部缓放，中心干上小主枝（枝组）数量达到 8 个以上。在中干 1.4 m 左右选留第一主枝，开张角度为 70°~80°。

(3)第 3 年整形修剪。对生长健壮的中心干延长头实施缓放（弱的实施中短截）；主干 上距地面 120 cm 以下的枝条全部疏除；中心干上如有抹芽时遗漏的竞争枝，留 1~3 cm 桩极重短截；其余枝条全部缓放，中心干上小主枝（枝组）数量达到 12 个以上。在中干合 适位置选留第二主枝，开张角度为 70°~80°。

(4)第 4 年整形修剪。对生长健壮的中心干延长头实施缓放；中心干上如有抹芽时遗 漏的竞争枝，留 1~3 cm 桩极重短截；其余枝条全部缓放，中心干上小主枝（枝组）数量 达到 16 个以上。在中干合适位置选留第三、第四主枝，开张角度为 70°~80°。

2. 变则主干形阶段(5~8 年)

变则主干形阶段（图 4-4）主要任务是环切（剥）促花、疏枝提干、落头开心、确定临 时株与永久株。

图 4-4 5~8 年变则主干形阶段

(1)环切（剥）促花。从第五年开始，为了促进树体成花，提高果园经济效益。可对临 时株进行主干环剥，永久株上的辅养枝进行环切促进树体形成花芽。

（2）疏枝提干。从第 5 年开始，可从基部逐年疏枝向上提干，每年疏枝 1～2 个，到第 8 年过渡期结束时全树主枝由最初的 15～20 个过渡到 6～8 个。主枝疏除可齐干一次疏枝，也可回缩分年疏枝，等到上部主枝大量结果之后，可齐干一次疏枝。

（3）落头开心。第 5 年时可开始落头，一开始落头要轻，回缩到二年生枝即可，其后连年或隔年向下疏去一个主枝，到第 8 年，即过渡期结束时完成落头过程，中心干高降低到 3 m 左右。

（4）确定临时株与永久株。乔砧稀植果园，为了提高果园前期经济效益，建园时一般要进行计划密植，永久株按整形要求进行修剪，有利于树冠扩展。临时株以疏除、回缩为主，为永久株让路。结果 3～4 年后挖除。

3. 完成开心形阶段（9～12 年）

完成开心形阶段（图 4-5）的修剪任务是控制果园群体，降低栽植密度，实行果园间伐。确定永久性主枝，培养侧枝，合理配置结果枝组。

图 4-5　9～12 年完成开心形阶段

（1）果园间伐。计划密植果园，当果园开始郁闭，临时株没有生长空间时，要对临时株采用隔行或隔株间伐。

（2）落头开心。分 2 至 3 次对中心干继续落头，落完头后，使中心干高度降低至 2.5 m 左右。

（3）选留永久性主枝。根据枝势、方位、角度和枝组配备情况，选留 3～4 个永久性主枝。选好永久性主枝后，其他枝作为辅养枝结果，逐年疏除。

4. 结果枝组的配置

小冠开心形树的结果枝组以轻剪、缓放为主。主枝上，以大、中型结果枝组为主；辅养枝、侧枝上以中、小型结果枝组为主。原则上不留背上直立枝组，少留背下结果枝组（图 4-6）。

一般在主、侧枝两侧每隔 50～60 cm，培养一个中型枝组或大型枝组。同侧枝组要保持一定的间距，大型枝组相距 50～60 cm，中型枝组相距 40～50 cm，小型枝组相距 20～30 cm。

大、中型组通过缓放平斜生长的健壮枝而成，保持单轴延伸，结果后单轴下垂，呈"珠帘"状。若大、中型枝组为多轴枝组，要疏除强旺分枝，改造成单轴枝组。小型枝组主要通过果台副梢延伸培养。

枝组要逐年轮换更新，使大量结果组维持 2~7 年生的健壮状态，保持较强的结果能力。对连续结果伸展过长、无果台副梢的下垂枝组，可用斜背上发出的健壮枝缓放，替代更新；也可在下垂技组中选用较强旺的分枝，回缩更新。

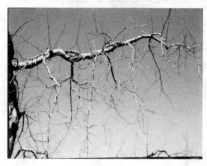

图 4-6 结果枝组的配置

三、苹果小冠开心形(中干)树形整形修剪技术

苹果小冠开心形整形修剪技术

四、学(预)习记录

熟知小冠开心形(中干)树形结构特点，填写表 4-6。

表 4-6 小冠开心形(中干)冬季整形修剪操作技术记录

序号	树龄	操作技术记录	
1	____年生	中心干延长头处理	
		中心干竞争枝处理	
		枝干比(____ : ____)	
		小主枝(枝组)处理	
		小主枝(枝组)大分枝处理	
		小主枝(枝组)数量	
2	____年生	中心干延长头处理	
		中心干竞争枝处理	
		枝干比(____ : ____)	
		小主枝(枝组)处理	
		小主枝(枝组)大分枝处理	
		小主枝(枝组)数量	

任务实施

一、实施准备

(1)小冠开心形(中干)树形冬季整形修剪(表4-7)。

表4-7 苹果小冠开心形(中干)树形冬季修剪技术要点

树龄	修剪技术要点
一至四年生树	小冠开心形主干形阶段整形与细长纺锤形相似,此期树形为主干形。树高3~3.5 m,干高70~80 cm。中心干上均匀分布15~20个主枝。 在中心干上选留3~4个永久性主枝,开张角度70°~80°,其他枝作为辅养枝(临时性主枝),用于辅养树体,开张角度90°~110°
五至八年生树	由主干形演变为变则主干形。干高1~1.2 m,树高3~3.2 m,中干上着生6~8个主枝,主枝间距25~30 cm。主要任务是疏除大的辅养枝,培养3~4个健壮发育的永久性主枝,逐步落头开心
九至十二年生树	由变则主干形向小冠开心形转变,树高3.0~3.5 m,主干高1.4~1.5 m,全树着生3~4个永久性主枝,间距30~40 cm,主枝上配1~2个侧枝,主侧枝上着生松散下垂的结果枝组,树冠叶幕层厚2 m。 这个阶段的修剪任务是控制果园群体,降低栽植密度,实行果园间伐。确定永久性主枝,培养侧枝,合理配置结果枝组

(2)准备工具材料(表4-8)。

表4-8 修剪所用的工具和材料

实训项目:乔化稀植树冬季修剪技术				
种类	名称	数量	用途	图片
材料	不同树龄果树	N棵	实施对象	
	创可贴	1片/人	预防受伤	
工具	修枝剪	1把/人	修剪工具	
	手锯	1把/人	修剪工具	
	折叠三角梯	1个/组	辅助工具	
	封剪油	N桶	涂抹剪锯口	

二、实施过程

(一)制订修剪方案

根据品种、砧木、栽植密度、立地条件、栽培模式、管理水平等条件,明确树形,制订冬季修剪技术实施方案。

(二)小组分组

以 2 人/组为宜。

(三)实施流程

教师讲解——教师示范——学生代表示范——学生点评——教师点评——分组实践。

(四)实践操作

按照修剪方案和整形修剪技术要点进行分组实践,每组 10 株以上。

(五)思考反馈

1. 制订整形修剪方案时应考虑哪些元素?

2. 观察并列述短截、缓放、疏除、回缩等修剪方法的修剪反应。

3. 列述实训基地苹果园中整形培养中存在的问题。

4. 列述冬季整形修剪中的注意事项。

🖩 任务评价

小组名称		组长		组员			
指导教师		时间		地点			
评价内容			分值	自评	互评	教师评价	
态度（20 分）	吃苦耐劳，认真负责，团结协作		20				
技能操作 （60 分）	修剪方案制订		10				
	树体结构分析		10				
	修剪方法应用		10				
	中心干延长头处理		5				
	枝干比控制		5				
	主枝处理		5				
	辅养枝处理		5				
	侧枝处理		5				
	结果枝组的配置		5				
创新能力（20 分）	发现问题、分析问题和解决问题的能力		20				
各项得分							
总分							

🧰 知识链接

保护剪锯口和伤口应作为苹果园管理的一项常规措施

项目二　翌年1月苹果管理技术

节气：小寒、大寒。

物候期：休眠。

管理要点：整形修剪、防治病虫害。

任务一　苹果园病虫害周年防控方案的制订

任务描述

苹果树病虫害是影响苹果品质和产量的原因之一，也是果农最为头疼的问题，了解病虫害的防治，对种植苹果树极为重要。为了保障苹果产量和质量，提高果农的经济效益和环境健康，必须制订苹果园病虫害周年防控方案。

任务目标

知识目标：熟知制订周年防控方案的流程（步骤）。

能力目标：根据病虫害发生的情况，能及时准确地进行预测预报；能够熟练地制订苹果园病虫害周年防控方案。

素质目标：提高环保意识和社会责任心；培养发现问题、分析问题和解决问题的能力，激发创新思维；养成扎实稳重的习惯，培养敏锐的观察力。

知识储备

一、病虫害发生调查及预测预报方法

（一）调查内容

叶部、果实、枝干病虫害的发生情况和防治效果。

（二）调查分类

可分为普查、系统调查和针对性调查三类。

1. 普查

普查是在病虫害发生关键期进行的一次范围较大的调查，针对发生和流行速度较慢的病虫害，在一年当中进行一次调查就能够反映出当年的发生状况。

如腐烂病最好在4～5月调查，便于发现病斑；棉蚜最好在6～7月调查；而枝干轮纹病则在周年任何时间都可以调查。

2. 系统调查

系统调查是对于那些发生和流行速度较快的病虫害进行定时、定点、定量的调查，如苹果褐斑病、斑点落叶病、白粉病、黑星病、二斑叶螨、黄蚜等。这种调查一般从生长季节早期(4月)开始，每周或最多不超过半个月调查一次。

3. 针对性调查

针对性调查是对所筛选出的异常情况进行针对性调查。

(三)调查取样方法

常用的取样方法有五点取样法、对角线取样法、棋盘式取样法、平行式取样法、Z形取样法(图4-7)。前三种适用于病虫田间分布均匀的情况，对于田间分布不均匀或边行、点片发生的病虫害可以考虑选择后两种取样方法。

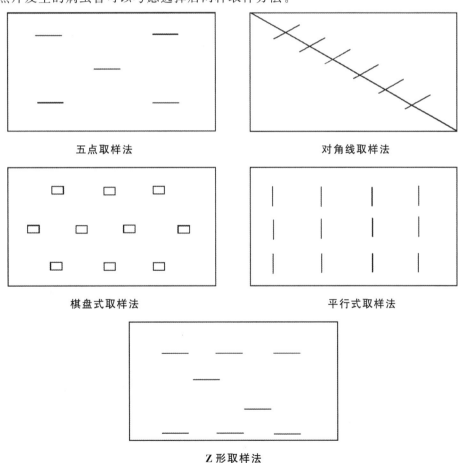

图4-7　常用的取样方法

(四)预测预报方法

1. 病害预测预报方法

(1)根据发生基数预测。一年当中病害再侵染次数不多，但是连续多年以后它们往往会成为果园的主要问题，这类病害在初期具有很强的隐蔽性，一旦发展起来难以在短期内达到好的防治效果。这类病害潜伏期长，主要通过风雨传播，传播距离很近，只有几米或几十米。目前对这类病害的预测主要还是根据果园的发病基数，如果当年病害发生严重，那么第二年很可能会更严重。

(2)根据气候条件预测。对于流行速度比较快的病害(如早期落叶病)，气候条件适宜时，在当年病害就有可能大发生，此类病害潜伏期短、传染性强、通过气流和风雨传播并且传播距离相对较远。但是，这类病害在年度之间变化非常大，上一年发病很严重，而下一年则可能发生很轻。因此，准确地预测预报对这类病害具有更重要的指导意义。

(3)根据数学模型预测。通过长期数据积累，建立模型，使用计算机程序进行监控。目前，国外已建立黑星病、霉污病及梨火疫病的模型。

2. 病虫害的预测预报方法(表4-9)

表4-9 果园常见病虫害监测方法与防治阈值

虫害监测				
监测对象	发生时间	抽样方式	阈值	备注
金纹细蛾	3~7月	诱集	连续3 d增加	
	5月下旬至6月	100片叶片	1%虫斑率	
苹果黄蚜	5月下旬至9月	100片嫩枝	15%虫枝率	根据梢停长情况
桃小食心虫	5月下旬至7月	诱集	1头	
红蜘蛛	4月	统计的总卵数	50%卵孵化率	
	5月下旬至8月	100片叶片	平均每叶2头	
二斑叶螨	6~8日	15棵树，每棵树4片叶子(60片叶)	平均每叶活动螨数2头时喷药防治，若益害比大于1∶3则不进行剂防治	8月15日后则不需要防治(滞育)
苹小食口虫	5~8月	诱集	连续3 d增加	
铜绿丽金龟	6~9月	诱集	10头	
病害监测				
监测对象	发生时间	抽样方法	阈值	备注
腐烂病	3~4月、6~9月	—		全园排查，逐年减少基数
轮纹病	3月、5~9月			
白粉病	4~6月	五点取样，单棵树随机抽10个梢，两侧随机抽5个梢，样本量根据园区大小确定	发病等级在1~2级	

病害监测				
监测对象	发生时间	抽样方法	阈值	备注
早期落叶病	4～8 月	五点取样，单棵树随机抽 50 片叶子，两侧随机抽 25 片叶，样本量根据园区大小确定	发病率在 2%～3% 进行防治	
锈病	4～6 月			

（1）发育进度预测法（历期法）。根据某害虫在田间的发育，按照历史资料各虫态或虫龄相应发生期的平均期距值，预测各虫态或虫龄的发生期。

（2）有效积温预测法。根据各虫态的发育起点温度、有效积温和当地近期的平均气温预测值，预测下一虫害的发生期。

（3）诱捕预测法。对具有趋性的害虫（一般在成虫期），可根据它们的趋光性、趋化性等属性，利用黑光灯或诱捕器诱集，并统计诱集数量来进行发生期或发生量的预测。

二、周年防控方案的制订

（一）准备材料

周年方案制订前，生产板块需准备以下材料。

1. 近三年实际用药方案

罗列出近三年的用药方案作对比，找出以下几点可以把控用药的关键时间点，有利于把控稳定成龄园亩均成本。

（1）当地用药量、种类集中的月份。

（2）当地防治蚜虫、鳞翅目害虫、地下害虫、早期落叶病、黑星病、炭疽病等关键时间点与物候期，以及二者的联系。

2. 近三年的气象资料

罗列出近三年的气象信息，找出以下几点：

（1）降水量集中的月份。

（2）气温变动曲线。

以上有效预测周年冻害、干旱时间点，提前做出防冻、水源的调整。可与用药方案结合，进一步把控病虫害的防治关键点。

3. 近三年突发的重大病虫害

罗列出近三年的重大病虫害，找出以下几点：

（1）发生时间、天气。

（2）病虫害扩展规律。

（3）防治措施。

根据以上内容在关键时间点偏向重点预防监测某病虫害的发生。

4. 近三年的诱捕器记录

将近三年的诱捕器曲线重合展现，再与方案做对比，可简单了解这几年所用的杀虫剂对这些虫害的控制效果，有助于筛选药剂，亦可把控虫害的防控时期。

5. 近三年用过的农药

罗列出近三年用过的农药并分类，与前四者结合，筛选出药效较好的杀菌剂、杀虫剂、调节剂，将作用不好的淘汰掉，作为植保方案制订所用的部分药剂。

6. 近三年的农残检测结果

(1)淘汰药后 2 个月仍有农残的药剂。

(2)把控成熟期用药安全，确保农产品安全。

(二)制订方案初稿

生产板块把控以上 6 项，结合采购清单进行植保方案初稿的制订。采购部整理出完整的农药清单，明确商品名、有效成分、使用倍数、厂家、价格，以防出现没药、厂家剂型不对照的情况，更有利于把控植保方案成本，还要清晰标明时间、物候期、防治对象、所用药剂、所用浓度、需用量、成本预估、推荐厂家及成熟前 2 个月内注意用药安全等内容。

(三)讨论方案初稿

初稿制订完毕后，由生产板块、技术中心和公司技术负责人参与，通过请教专家、查阅文献等方式，对初稿进行讨论。

(四)确定周年方案

经过充分讨论后，由公司技术负责人敲定周年方案最终版。上半年植保作业严格按照方案执行，下半年依据病虫害发生情况，可对方案进行微调。

(五)农药停用日期确定

根据制订的全年植保方案、当前园区实际病虫害发生及气候情况，制订方案时要充分考虑，作物预计收获日期及农药安全间隔期，确定农药的停用日期。

(六)作业流程

在技术部门提出预警或区域负责人巡园发现田间存在植保问题后，由地块负责人提议，部门副经理及技术负责人评估是否进行植保作业。如确认需进行植保作业，并确认周年管理方案中该时间段用药方案可解决该植保问题，则提交周年用药方案，经部门经理、技术中心及公司总经理审批同意后，由地块负责人组织实施植保作业。

(七)方案变更

如周年管理方案不能解决本次植保问题，由部门副经理组织地块负责人和技术部门商议并咨询植保专家后，形成新的植保方案，提交至部门经理、技术中心及公司总经理审批同意后，由地块负责人组织实施植保作业。

(八)药效反馈

施药后由地块负责人持续观察作业效果，并记录在植保作业记录中。如确定施药效果良好，起到防治目的，则形成作业案例，存档办公室。

(九)再次用药

如施药效果不理想，防治效果未达到，则重新制订植保方案，进行审批，继续实施植保作业。

三、学(预)习记录

熟悉病虫害预测预报方法和周年防控方案的制订流程(方法或步骤)，填写表4-10。

表4-10　病虫害预测预报方法及周年防控方案的制订要点记录

序号	项目		要点
1	病虫害预测预报方法	病害预测预报方法	
		虫害预测预报方法	
2	周年防控方案的制订流程		

 **任务实施**

一、实施准备

1. 确定调查内容

叶部、果实、枝干病虫害的发生情况和防治效果。

2. 准备工具材料。

准备工具材料见表4-11。

表4-11　制订周年防控方案所用的材料

实训项目：苹果园病虫害周年防控方案制订			
种类	名称	数量	用途
材料	近三年实际用药方案	1份/组	参考、提供依据
	近三年的气象资料	1份/组	
	近三年突发的重大病虫害	1份/组	
	近三年的诱捕器记录	1份/组	
	近三年用过的农药	1份/组	
	近三年的农残检测结果	1份/组	

二、实施过程

(一)小组分组

以 4～6 人/组为宜。

(二)实施流程

教师引导——小组讨论制订防控方案——学生代表阐述方案——教师点评。

(三)实施操作

按照教师给出的意见分组修改并完善方案。

(四)思考反馈

1. 确定的周年方案，在一年内不能调整，对吗？为什么？

2. 调查取样常用的取样方法有哪些？

任务评价

小组名称		组长		组员	
指导教师		时间		地点	

任务二　农药的合理使用

任务描述

苹果随时都会受到病虫害的危害，生产中常用农药来预防、消灭或控制病虫危害，但会出现使用不当或滥施农药的现象，导致农业生态环境和农产品被严重污染，进而直接危害到人类健康。

任务目标

知识目标：知道农药的采购途径和管理办法；熟知农药的合理使用原则和安全防护知识。

能力目标：在生产中使用农药中毒时，能够采用正确的解救办法；能够正确合理地选择农药。

素质目标：养成认真负责、踏实敬业的工作态度；教育引导坚持绿色防控理念；增强农业生态环保意识。

📖 知识储备

一、农药的采购及管理办法

(一)农药的采购

农药的采购需开设常规采购与应急采购两条途径。

1. 常规采购

常规采购即按周年方案正常采购,一般分为上半年与下半年两个时间阶段。

(1)采购申请。生产板块根据周年方案和农药库存,于每年2月底和5月底分别提交农药采购申请。申请要标明所需农药的有效成分、剂型、需求量和推荐厂家,同时标明所需农药的使用时间,供采购板块参考,安排发货顺序。

(2)确定货源。采购板块依据公司审批后的采购申请和财务相关制度进行询价比价,保证采购价格最优。同时,生产板块和技术中心对选择的农药质量进行把关。坚持"质量最佳,价格最优"的原则,确定采购货源。生产板块有权指定特效药生产厂家。

(3)质检入库。采购农药到货后,技术中心负责质检,质检合格后由仓储板块负责将农药及时入库,并更新库存信息。

(4)采购周期。采购周期以一周为宜,即从采购审批通过至确定货源并发货的时间间隔。

2. 应急采购

当遇到紧急情况,需在24 h内备药时,生产板块将情况以文件形式简单说明,报公司总经理审批后,采购板块第一时间备药。文件需包含应急采购的理由,所需药品量、推荐厂家和到货时间等,采购板块按文件内容进行采购。

(二)农药的管理

(1)农药的堆放。入库的农药要放置于托盘上,托盘上需铺设塑料布,避免农药渗入木质托盘或腐蚀其他材质托盘,不可与地面接触,不可与墙体接触;农药堆放时将杀虫剂、杀菌剂、除草剂、助剂、涂抹剂、颗粒剂等分开,每种农药按照有效期长短堆放,有效期短的堆放在前,优先使用。高毒农药需单独放置。

在农药标签的下方,有一条与底边平行的、不褪色的标志带,颜色代表农药所属的类别,绿色为除草剂,红色为杀虫剂,黑色为杀菌剂,深黄色为植物生长调节剂。

每种农药相邻间隔30 cm,前后相隔60~80 cm,便于取用;尽量避免农药剩余,如果出现,务必将口封严。

农药库需悬挂有毒标志,农药库外面需有干净的水源,可以用来洗眼睛和受污染的部位,在农药库需放可用于处理泄漏的铲、干土及塑料袋。

(2)库存盘点。库管负责每日更新库存表,并分享在物资管理群;每月对农药库进行盘点。

(3)农药出库。农药出库分为植保作业和基地间调拨。

生产板块技术人员依据植保作业方案，开具出库单，经部门经理签字确认后方可生效。若为基地间调拨，出库单需标明调拨去向，便于库管统计。

库管依据出库单，将单次作业需要的药品一次性发放出库，出库后由技术人员负责保管。作业期间如遇降雨需要补喷，需另开出库单，方可领取药品。

(4)农药使用。生产板块在制订植保作业方案时，需依据库存，优先使用有效期较短的农药。

库管在盘点过程中，发现已经过期或即将过期的农药，需及时提醒生产板块。出现库存农药过期，生产板块和技术中心需对过期农药进行药效判断，如果还有效，可调整使用倍数正常使用；如果出现变质无效果，则提醒库管，将其统一堆放，联系供应商，商定处理办法，统一处理。

(5)空农药包装处理。空的农药包装应至少清洗 3 次，清洗后的液体加到喷药箱里。空的农药容器在指定的地方埋于地下 80 cm 处，做好标记。

二、安全用药操作规范和劳动保护

(一)农药使用规范

1. 正确合理选择农药

(1)一定要根据苹果园有害生物发生的情况选择农药，做到对症用药，避免盲目用药。

(2)当防治对象可用几种农药时，首先应选用毒性最低的农药品种；在农药毒性相当的情况下，应选用残留少的农药品种。

(3)农药一般具有有效期，在有效期内使用农药。幼果至成熟期不使用过期农药，过期 3 年以上的农药需销毁。

2. 正确合理选择农药使用时期

(1)应根据当地预测预报和田间生产经验来确定苹果园有害生物的防治时期，以取得最为理想的防效。绝大多数病虫害在发生初期，症状很轻，易防治，但大面积暴发后，即使多次用药，损失也很难挽回。

(2)不同农药具有不同的安全间隔期，使用时须按农药标签规定执行。

3. 农药配制

(1)配药时要戴胶皮手套，要准确用量具称量药剂和水量，先配成母液再进行稀释。

(2)配药应选择在远离水源和居民区的安全地方。

4. 农药安全使用

(1)选择适宜的器械。

(2)注意轮换用药。再好的农药品种也不能长期连续使用。因为在一个地区，长期使用某一种农药，必然会引起效果减弱，导致防治对象产生抗药性，正确的做法是轮换使用不同种类的农药。

（3）把握好用药量、用水量。在农药有效浓度内，效果好坏取决于药液的覆盖度，在喷施杀虫剂、杀菌剂时，充足的用水量十分必要。一味加大农药浓度会强化病菌、害虫的耐药性，超过安全浓度还会发生药害。

（4）看天气施药。刮大风、雨前、下雨、有露水和高温烈日下均不能喷药。

（二）安全保护

（1）穿戴防护服、口罩等防护用具。

（2）施药中作业人员不准喝酒、抽烟、饮水、进食，不得用手擦抹眼、面和嘴，还应避免过度劳累。

（3）要站在上风向、隔行施药，不得同行两边同时施药，在刚喷过药的果园要挂牌警示，防止其他人进入。

（4）施药后及时更换衣服，清洗身体。

（5）喷药时发生堵塞，应先用清水冲洗，再排除故障，绝对禁止用嘴吹吸喷头和滤网。

（6）严防农药漂移对邻近其他作物的药害，尤其注意除草剂。

（7）喷施后的处理工作。及时将喷雾器械清洗，清洗器械的污水不得随地泼洒，应选择安全地点妥善处理，远离河流、小溪和井；喷施除草剂的器械要和喷其他药剂的器械分开，以免混用产生药害。盛过农药的包装物品，不准盛食品和饲料；盛过农药的空箱、瓶、袋等物品要集中妥善处理。

（三）农药中毒及解救办法

1. 农药中毒

（1）农药中毒类型。根据农药品种、进入人体的剂量、进入途径的不同，农药中毒的程度有所不同，有的仅引起局部损害，有的可能影响整个机体，严重时甚至危及生命。一般可分为轻、中、重三度，以中毒的快慢主要分为急性（包括亚急性）和慢性中毒。

（2）中毒症状。由于不同农药的中毒作用机制不同，其中毒症状也有所不同，一般主要表现为头痛、头昏、全身不适、恶心呕吐、呼吸障碍、心搏骤停、休克昏迷、痉挛、激动、烦躁不安、疼痛、肺水肿、脑水肿等。

2. 中毒解救方法

（1）中毒者自救。施药人员如果出现头痛、头昏、恶心、呕吐等农药中毒症状，应立即停止作业，离开施药现场，脱掉被污染的衣服并携带农药标签前往医院就诊。

（2）中毒者救治。

①口服中毒，要立即洗胃，同时催吐。

②如果在喷洒农药时中毒，应立即脱离中毒环境，到阴凉、通风的地方，迅速脱去被污染的外衣，用肥皂水和流动清水冲洗被污染的部位。

③应带上引起中毒的农药标签立即将中毒者送至最近的医院救治。

④如果中毒者出现停止呼吸现象，应立即对中毒者施以人工呼吸。

三、农药混合及二次稀释操作规范

(一)农药混合使用原则

(1)不同种类农药混用后，必须具有相加或增效作用；或扩大防治谱；或延缓有害生物抗药性的产生。

(2)农药混用后毒性不可增加，保证对人畜和环境的安全性。

(3)混合后无不良反应，均能保持正常的物理状态，不发生药害。有些农药之间不可混用。例如，杀菌剂不能与微生物农药混用，许多杀菌剂对微生物有杀伤作用；酸性农药与碱性用药不能混用；粉剂不能与可湿性粉剂混用。

(4)选择不同作用方式、作用靶标的农药混用。

①内吸性杀菌剂与保护性杀菌剂混合使用：两种不同作用方式的杀菌剂混用，既可利用内吸性杀菌剂控制进入果实或叶片内的病菌，又可利用保护性杀菌剂控制果实或叶片外部的病菌。

②杀虫剂与杀卵剂的混用：不同农药对不同靶标表现的防效有所区别。有些农药对害虫幼虫(螨)具有显著效果，有些对卵具有显著效果，若想取得较好的防效，须合理搭配农药。

③杀虫(螨)剂与杀菌剂混用：杀虫(螨)剂与杀菌剂混用时，必须明确混用后的稳定性，避免负面作用，一般随配随用。

④将2种或2种以上作用方式和机制不同的农药制剂混合使用，可避免或减缓有害生物抗药性的形成和发展。

⑤相同作用机理的农药，没必要进行复配。单次复配治疗剂不要超过2种。

⑥铜制剂为碱性，最好单独使用，一方面易出药害，生长季不可使用；另一方面大部分农药化学性质为酸性，碱性农药易使其失效。

⑦克菌丹不要与硫制剂或碱性农药混用。油类药剂喷施10 d后再使用。

⑧矿物油不能与硫制剂、三唑锡等药剂混用。

⑨幼果期慎用乳油、铜制剂、含硫黄成分的杀虫杀菌剂。

(二)农药二次稀释操作规范

1. 农药配药步骤

(1)按照稀释倍数及用水量计算加药量，并做好详细记录。

(2)在小桶内将不同类型农药分别溶解，先在小桶内加水，再将农药加入水中，然后用干净水冲洗药瓶，将冲洗后的液体倒入溶解该药剂的小桶中。用适当的器械如洁净的木棍搅拌，不能用手直接搅拌。

(3)在打药机内注入1/3水，将稀释好的药剂按顺序倒入打药机，再将剩下的水注入打药机。

2. 配药顺序

叶面肥(固体要单独溶解)——可湿性粉剂——水分散剂——悬浮剂——微乳剂——水剂——乳油——助剂。由于乳油安全性不好，有可能会包裹其他粉剂，影响溶解，因此有乳油存在的混配，乳油一般放在最后，原则上农药混配不超过 3 种，先固后液，先难后易。

四、药效评估办法和施药档案管理

(一)药效评估

药效评估是指对植保用药效果的评价，主要是单次植保作业结束后，对作业效果的追踪和评估，为下次植保用药提供依据和积累经验。

1. 评估主体

区域负责人和植保技术员。

2. 评估基础

结合巡园记录，以用药前的病虫害情况为评估基础。

3. 评估时间

从用药结束后 12 h 开始，每隔 12 h 评估一次。

4. 评估内容

(1)不同农药对同一种病虫害的防治效果。

(2)同一种农药对不同病虫害的防治效果。

(3)同一种农药不同使用倍数对同一种病虫害的防治效果。

(4)同一种农药在不同时期对同一种病虫害的防治效果。

5. 形成报告

当确认病虫害防治有效或无效后，形成评估报告。

(二)档案管理

1. 档案内容

植保作业档案包括巡查记录、植保方案、配药记录、喷药记录、药效评估记录等内容。

2. 存档方式

纸质版和电子版共存。

3. 档案整理

(1)各类记录务必真实准确，严禁编造。

(2)巡查记录于当日上报部门主管，并在相关微信群分享。

(3)配药记录和喷药记录在单次植保作业结束后立即整理，上报部门主管。

(4)药效评估随时在相关微信群分享，最终报告上报部门主管并在技术交流群分享。

(5)部门主管负责两周整理一次植保作业档案，上报部门经理，同时在技术交流群分享。

五、苹果园常用农药使用禁忌

农药喷施于果树上后，如果操作不当或其他因素会对果树造成不良影响，甚至产生药害。药害可分为急性和慢性两种。急性药害在喷药后几小时至数日内表现出来，如叶面(果实)出现斑点、黄化、失绿、枯萎、卷叶、落叶落果、缩节簇生等。慢性药害经过较长一段时间才表现出来，如光合作用减弱、花芽形成及果实成熟延迟、矮化畸形、风味色泽恶化等。为了有效控制苹果园发生的药害，确保用药安全，下面列出了苹果园经常发生的药害及农药使用禁忌。

(一)苹果园常用农药使用禁忌

(1)与波尔多液相关的药害。

①当波尔多液中的石灰低于倍量式时，对苹果易产生药害。

②配制波尔多液时，必须先配制硫酸铜液和石灰液，同时倒入池内，或将硫酸铜液慢慢倒入石灰液中，并不断搅拌。绝不可颠倒顺序，否则配制的波尔多液易发生沉淀，产生药害。

③石硫合剂和波尔多液混合后，喷在苹果树上最易发生药害。

④喷石硫合剂 10 d 后方可喷波尔多液，喷波尔多液 30 d 内应避免喷石硫合剂。

⑤波尔多液与福美双混用可产生药害。

⑥波尔多液与有机磷农药混用须随配随用，否则产生药害。

⑦波尔多液不易在幼果期使用，因铜离子刺激果皮细胞可导致果皮木栓化。在雨水多的年份，也是造成果锈严重的主要原因。

⑧果实临近成熟时不易施用波尔多液，否则影响果实外观品质。

(2)在苹果落花后 20 d 内不能使用百菌清，否则会造成果实锈斑产生。

(3)嘎拉苹果对甲氧基丙烯酸酯类农药反应特别敏感，若在幼果期使用会造成严重的果锈，高温可造成落叶。

(4)三唑类杀菌剂要严格按照推荐用量使用，超过规定用量时容易产生药害。尤以丙环唑表现最为突出。

(5)三氯杀螨醇对旭光、红玉等品种的苹果易产生药害。

(6)旱地清、克无踪等除草剂为灭生性除草剂，不能喷在苹果树上，只能在苹果树行间定向喷雾除草。

(7)在过于干旱、温度过高的环境中给苹果喷施农药，易产生药害。这是因为温度高，水分散发快，喷施的农药浓度迅速变大，同时树体吸收药液快，新陈代谢强，树体抵抗力弱。

（二）苹果园药害预防要点

(1)购买农药时务必掌握各种农药的特性，仔细阅读农药标签，严格按照标签规定的浓度或单位面积用量使用。

(2)严格按照登记作物用药，不得随意加大用量或在非登记作物上使用。

(3)农药的最佳喷施时间为上午 10 时以前和下午 3 时以后。

(4)掌握农药的使用时期、安全间隔期和安全停药期，以避免药害和人畜中毒事件的发生。

（三）药害补救措施

1. 用清水冲洗

多数化学药剂均不耐水冲洗，如果施药浓度过大造成药害，而且发现较早，可以用喷雾器装满清水，在果树叶面反复喷洗，以稀释和冲刷残留在叶片和枝干表面的农药。同时，由于大量用清水淋洗，增加了植株细胞中的水分，对植株体内的药剂浓度能起到一定的稀释作用，也能在一定程度上起到减轻药害的作用。

2. 喷施缓解药害的药物

针对导致发生药害的药剂，可喷洒能缓解药害的药剂。如硫酸铜或波尔多液引起的药害，可喷施 0.5% 石灰水；错用或过量使用有机磷、菊酯类、氨基甲酸酯类等农药造成的药害，可喷洒 0.5%～1% 石灰水、洗衣粉液、肥皂水等。

3. 暂停同类药

在药害尚未完全解除之前，尽量减少使用农药，特别是同类农药要停止使用，以免加重药害。

4. 紧跟施肥水

果树发生药害后，要结合浇水补充一些速效化肥，并中耕松土，可促进果树尽快恢复正常的生长发育。同时，叶面喷施 0.3%～0.5% 尿素、0.2%～0.3% 磷酸二氢钾以改善果树营养状况，增强根系吸收能力。

5. 去除药害较严重的部位

对受害较重的树枝，应迅速剪除，以免药剂继续传导和渗透，或受病菌侵染而引起病害。

六、学(预)习记录

熟悉农药的采购及管理办法、安全用药操作规范、农药混合使用原则和苹果园常用农药使用禁忌等内容，填写表 4-12。

表 4–12　农药的合理使用的要点

序号	项目	农药的合理使用的要点
1	农药的采购及管理办法	
2	安全用药操作规范	
3	农药混合使用原则	
4	苹果园常用农药使用禁忌	

 **任务实施**

一、实施准备

准备工具材料见表 4–13。

表 4–13　农药合理使用所用的工具、材料

实训项目：农药的合理使用				
种类	名称	数量	用途	图片
材料	不同农药	按需而定	配制药液	
	水	按需而定	配制药液	
工具	创可贴	2 片/人	预防受伤	
	玻璃仪器	按需而定	配制药液	
	塑料桶	2 个/组	盛水和配制药液	

二、实施过程

任务实施过程中，学生要合理安排时间，根据教师的要求完成。

(一)小组分组

以 4 人/组为宜。

(二)实施流程

教师讲解——教师设定用药时、用药后模拟场景——学生代表演练——学生点评——教师点评——分组操作。

(三)实践操作

按照合理使用农药的要点进行分组模拟演练。

(四)思考反馈

1.简述农药中毒的解救办法。

2. 如何安全使用农药？

3. 简述农药混合使用原则。

4. 药害的补救措施有哪些？

📖 任务评价

小组名称		组长		组员			
指导教师		时间		地点			
评价内容			分值	自评	互评	教师评价	
态度（20分）	遵纪守时，态度积极，团结协作		20				
技能操作 （60分）	农药管理方法是否正确		10				
	能按要求进行防护		10				
	能熟练模拟完成中毒后，采用不同的解救办法		20				
	清楚农药配制步骤及顺序		10				
	能明确药害的补救措施		10				
创新能力（20分）	具有创新意识和创新思维， 能发现新的问题并提出创造性的解决方法		20				
各项得分							
总分							

🧰 知识链接

农药的科学合理使用方法

任务三　休眠期苹果病虫害防治技术

任务描述

冬季主要病虫害防控，应抓好11月中旬至翌年2月落叶期和翌年1～2月休眠期两

个关键时期，是全年防治病虫害的重要时期，也是贯彻"预防为主，综合防治"的重要环节，病虫越冬场所比较集中，便于集中消灭，起到减药增效的作用，常言道："冬破一个茧，夏少万条虫"就是这个道理。

任务目标

知识目标：熟悉11月中旬至翌年2月苹果病虫害绿色防控的工作任务内容；掌握11月中旬至翌年2月苹果树防控的主要病虫害种类及发生规律。

能力目标：能够根据11月中旬至翌年2月落叶期和翌年1~2月休眠期防控要求，制订科学防控方案，并实施，达到较好的防控效果。

素质目标：培养学生分析问题和解决问题的能力；增强学生环保意识；坚持绿色防控理念，掌握病虫害发生规律，以农业防治和人工物理防治为基础，做到"精益求精"和"精耕细作"，促进苹果产业可持续发展，为农民美好生活而奋斗。

知识储备

一、清扫果园

冬季落叶后，剪除树上的病虫僵果和枝条、彻底清理树下杂草、烂果和杂物等，集中烧毁或深埋，彻底消灭越冬的害虫和病菌，减少下一年病虫的发生(图4-8)。

对于初冬没有清园或清园不彻底的果园，在发芽前及时清扫果园落叶、杂草、废弃枝条、果袋及粘虫带、粘虫板、杂物等，以消灭越冬的害虫和病菌。在修剪后，用伤口愈合剂保护好伤口，防止病菌侵入。

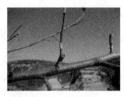

图4-8 清扫果园

二、检查刮治腐烂病

根据腐烂病发病规律，秋季是腐烂病的第二个发病高峰期，采收后，及时检查和刮治腐烂病(图4-9)。

图4-9 刮治腐烂病

秋冬季刮治腐烂病，既能治疗当年发生的腐烂病，也能预防翌年春季腐烂病的发生。

三、树干涂白

12月上中旬对树干进行涂白，主要作用是防冻、防病、防虫等（图4-10）。

图4-10　树干涂白

涂白剂配方及配制方法：生石灰1.5 kg、石硫合剂原液0.25 kg、食盐0.25 kg、水5 kg加少许油，先将生石灰加水熟化，加入油脂搅拌后，加水制成石灰乳，最后倒入石硫合剂原液和盐水，充分搅拌即成。

配好后涂刷在主干上，以刷上不向下流又不黏成疙瘩为好。涂白剂要现配现用。使用时，先刮除老翘皮和病疤，然后再涂白，涂刷要均匀，特别是根茎处要涂上，不留空隙。

早春萌芽前，进行第二次涂白，预防病虫、抽条、日灼、冻害等。

四、深翻施肥

深翻改土施肥，可把地下越冬病虫翻到地表，使其风干、冻死或被天敌捕食。

五、喷石硫合剂

落叶后喷1次1～1.5°Bé的石硫合剂，减少越冬病虫。

六、学(预)习记录

熟悉苹果休眠期病虫害的防治方法，填写表4-14。

表4-14　休眠期病虫害的防治技术的要点

序号	项目	11月下旬至翌年2月病虫害防治技术要点
1	清园	
2	检查刮治腐烂病	
3	树干涂白	

 **任务实施**

一、实施准备

准备工具材料见表4-15。

表 4 – 15　休眠期病虫害防治技术所用的工具、材料

种类	名称	数量	用途	图片
材料	果园	1个	实施场所	
	生石灰	按需而定	涂白剂配方材料	
	石硫合剂原液	按需而定	涂白剂配方材料	
	盐	按需而定	涂白剂配方材料	
	植物油或动物油	少量	涂白剂配方材料	
工具	喷雾器	1个/组	喷洒农药	
	刷子	1个/组	涂白工具	
	扫帚	1把/组	清园工具	
	放大镜	2个/组	识别病虫工具	
	塑料布	1块/组	刮腐烂病接纳病皮	
	耙子	1个/组	清园工具	
	刮刀	2个/组	刮具	
	水	按需而定	配制药液	
	塑料桶	2个/组	盛水和配制药液	

实训项目：休眠期苹果病虫害防治技术

二、实施过程

任务实施过程中，学生要合理安排时间，根据教师示范操作要点规范操作，分工合作完成。

(一)小组分组

以 2 人/组为宜。

(二)实施流程

教师讲解——教师示范——学生代表示范——学生点评——教师点评——分组实践。

(三)实践操作

按照休眠期病虫害防治技术要点进行分组实践，每组完成 20 株以上。

(四)思考反馈

1. 简述清扫果园的作用和方法。

2. 简述涂白剂的作用及配制方法。

📰 任务评价

小组名称		组长		组员		
指导教师		时间		地点		
评价内容			分值	自评	互评	教师评价
态度(5分)	遵纪守时，态度积极，团结协作能力		5			
技能操作 (95分)	能快速说出涂白和清园的作用		15			
	能说出涂白剂配制原料和方法，并会进行配制和涂白		35			
	能按要求且细致周到进行清园		20			
	根据前面所学知识和技能，会刮治腐烂病		15			
各项得分						
总分						

项目三   翌年2月苹果管理技术

节气：立春、雨水。

物候期：休眠。

管理要点：规划建园、种植规划、整形修剪、清洁果园、防治病虫害。

任务一   现代化苹果园建园方案规划

引导案例

矮砧密植果园，建园投入比较高，第一年每亩地一次性投入1万～2万元，从第二年开始运营费用较低，后期随着产量提升，投入有小幅度变化，一般在第2～3年实现当年投入产出平衡或者盈利，第4～5年可以收回前期全部投资。

洛川福布拉斯苹果专业合作社苹果基地(南坪示范园)，该果园于2019年建立，面积105亩，采用A级矮化自根砧苗建园，主要投资为：苗木191株×35元/株＝6 685(元)，格架系统及防雹网格架网架两套设备4 000元＋6 000元＝10 000(元)(可以优化)，简易滴管系统600元，土地整理500元，土壤处理2 000元，配套设施(竹竿、地布、硅胶绳等)1 000元，合计亩投资20 785元。2019年运营费用1 000元，无收入，2020年运营费用2 000元，平均亩套袋600只，产出苹果200 kg，以每斤10元被湖南客户订购，收入4 000元。2021年运营费用3 000元，平均亩套袋5 000只，产出苹果1 500 kg，收入12 000元。2022年预计总投入4 000元，平均亩套袋10 000只，根据2021年行情预计收入24 000元。4年累计投入30 785元，收入40 000元，收回建园成本，盈利9 215元。

任务描述

据对陕西苹果主产区多个县区苹果园生产状况调查显示，苹果生产中亩平均投工33.5个，其中套袋(除袋)投工6.8个占用工量的20%，疏花疏果投工4个占用工量12%。生产费时费工，劳动力成本高，加之人口老龄化、一线劳动力短缺、生产成本增加已成为制约苹果产业效益提升的主要问题。目前，我国苹果产业的发展正处于大变革的时代，其中栽培模式是由乔化稀植向矮化密植转型，矮砧密植是目前经济效益最高的栽培模式，其特点可概括为"四省、两高、两早、一易"，"四省"是指省地、省工、省水、省肥；"两高"是指高品质、高产量；"两早"是指早挂果、早丰产；"一易"是指容易管理。

🧰 任务目标

知识目标：了解目前生产中常用的高效栽培模式；熟悉园地选择的原则；掌握现代果园的规划设计。

能力目标：能结合考虑栽培模式、立地条件、气候和土壤条件、社会经济条件和经营目的等因素，因地制宜选择园地；能进行现代果园的规划设计。

素质目标：培养发现、分析和解决问题的能力，激发创新思维；增强知农、爱农、服务"三农"的奉献精神和使命感。

⌨️ 知识储备

现代苹果园建园前应当以农业农村部发布的苹果优势区域布局规划为基准。

当地的生态条件应当符合苹果最适宜区和适宜区的指标要求。同时兼顾当地区位优势、产业基础和发展潜力等因素，实现自然条件与生产实际的有机结合，有效引导产业集聚和社会资源的优化配置，逐步形成苹果生产区域化、良种化、标准化和产销一体化的新格局，实现苹果生产由数量型向质量效益型转变。

一、高效栽培模式的选择

苹果的栽培管理具有劳动密集型、技术密集型和投入密集型的基本特征。在中国，苹果产业由"规模扩张"向"提质增效"转型的新阶段，优化区域布局、稳定面积、提高单产、提高质量、提高生产效益是苹果生产的总目标与方向。为此，必须改变传统、粗放的栽培管理模式，按照现代果业的发展要求，优化技术、资金、劳动力等生产要素配置，建立适合中国国情的新型集约、高效栽培模式和技术体系。

高效栽培模式的核心是提高效益，即提高苹果栽培的投入与产出比。在适宜的生态区域、特定的生产条件下，确定合适的产量目标，采用适宜的栽培模式（制度）和配套栽培技术，保证科学合理的投入，生产高质量的商品果，获得最大的效益，并保持产地环境友好和果树最大的经济寿命。具体到某一区域、果园，要实现高效栽培，必须结合当地实际栽培条件，抓好关键措施，要"因地""因园"制宜，不可盲目生搬硬套。

（一）矮化高效栽培模式

矮化密植在欧美发达国家作为主流栽培模式，以高度机械化作支撑，实现了省力化、集约化的生产目标。矮化栽培模式是苹果高效栽培模式的发展方向。

矮化栽培模式适宜区域是有可靠的灌溉条件或年降水量 550 mm 以上、季节干旱不明显的优质苹果产区，要求土层深厚、土地平坦，发生低温冻害、雹灾等灾害性天气的风险小。要求有较高的资金作保障，农户种植规模以 10～50 亩的中小型果园为宜，也可采用"统一规划、分户管理"的方式集中连片栽植，便于机械化作业。企业农场化经营，种植规模可适当扩大。常见模式有短枝型品种密植模式、矮化中间砧密植模式和矮化自根砧模式。

建设目标：实行中密或高密栽植，采用高光效、简约化的树形，栽植2～3年进入初果期，5年进入丰产期，产量保持在3 000～5 000 kg，优质果率达到80％以上，投入、产出比达到1∶(4～6)。

(二)陕西黄土高原苹果无支架密植高效"3332"栽培模式

陕西黄土高原苹果无支架密植高效"3332"栽培模式技术，为陕西省农业农村厅2023年农业主推技术，由延安果业技术人员针对苹果生产中存在的突出问题，实践探索总结而成。"3332"是对乔化树实行矮化管理、高效栽培的模式，对不具备矮化密植栽培条件的地区，实现高效栽培有较大的借鉴价值。

"3332"栽培模式即："三强"树势，选择强根系、强干性、强萌芽的苹果品种和砧木建园；"三肥"匹配，通过增施有机肥、配方施肥、豆菜轮茬等提高果园土壤肥力和有机质含量；"三项"管理，通过早拉枝、强拉枝、多留枝强化树体管理，促进早成型、早成花，提高效益；"两法"蓄水，采用地布覆盖与坑施肥水相结合的办法蓄水保墒，提高自然降水和水肥利用效率。

"3332"栽培模式可以达到两年挂果、三年有产、五年丰产，实现早果早产。该技术省工省力、丰产稳产、高质高效，是提高陕西黄土高原苹果产量和质量的一大创新，是增加效益的有效措施。应用该技术后，每亩苹果可增产20％，亩增加300 kg，每公斤按照5元计算，亩增效益1 500元。

二、园地选择

园地选择应当在满足非基本农田的基础上，综合考虑立地条件、气候和土壤条件、社会经济条件和经营目的等因素，因地制宜、适地适栽；统筹规划、合理布局；突出重点、以点带面，实现早果、丰产、优质、高效的目的。

自根砧矮化密植果园便于机械化管理，为了提高农用机械的利用率，规模化建园面积至少在100亩以上，土地边角较整齐，必须有稳定的水源供应。以年降水量600 mm地区为例，水库、河流等辅助水源的供水能力必须达到30 m³/h，持续供应1周以上。此外，所选园址要求交通便利，便于大宗物资(水泥柱、钢丝、苗木、果品等)的运输。

为了降低建园成本，提高土地利用率，建园土地要求平整，附属物较少，园内地台高度应小于1 m，若地块内有老果园、坟地、建筑物、高压电塔、电线杆、地下管道等障碍物，则需要迁移，隔离保护的土地应慎重考虑。

三、建园前土地整理与土壤改良

(一)土地整理

采用专用深松型将果园横向和纵向各深耕1遍，耕翻深度50 cm，清除杂草、树根、乱石等杂物，用旋耕机打碎土壤，达到适合果树栽培的土壤条件。

(二)坡改梯

原则上所有的山坡丘陵地果园实行坡改梯，随坡就势。坡度小于20°的缓坡丘陵地，在保持水土安全的前提下整理成斜坡连片的大块田地，便于机械化作业，提高工作效率。坡度20°～25°的山坡地，遵循尽量不破坏表层土壤的原则，实施分片坡改梯，建成水平阶梯状坡地果园。

(三)土壤改良

按照3.5～4 m的行距用石灰粉或腻子粉画出定植行，两端用木橛做好标记。以画好的灰线为中心，撒施宽度为2.5 m左右的肥料带作为定植行，将有机肥、生物菌肥、复合肥等全部均匀撒施。每亩施用腐熟的羊粪5～8 t、复合肥50 kg、生物菌肥100 kg。

(四)重茬地土壤改良

计划挖改的果园，应于秋季苹果采收后立即挖除老果树，在土壤温度下降之前进行熏蒸处理，翌年揭膜晾晒后再进行定植。棉隆熏蒸的具体方法：

(1)调整定植行土壤湿度，旋耕耙平定植行。定植行要避开原种植行，结合旋耕捡除残根，调整定植行(宽1 m)范围土壤湿度至40%～60%，如果土壤较干可以进行喷水，旋耕深度大于35 cm，耕层土壤颗粒松散、均匀和平整，旋耕一定要旋细、旋绵，土壤颗粒要很小，疏松、透气性好、耙平。

(2)撒施棉隆、旋耕混匀。土壤消毒(5 cm处)的最适温度为20～25 ℃，低于10 ℃或高于32 ℃时不宜进行消毒处理。在整理好的定植行范围均匀撒施棉隆(有效成分含量98%)，用量为120 g/m³，之后旋耕定植行，将药和土壤充分拌匀，旋耕深度大于35 cm。

(3)覆膜、熏蒸。施药旋耕后立即覆膜，用不低于6丝的塑料薄膜(原生膜)覆盖定植沟，在塑料薄膜上面适当加压封好口的袋装土壤或沙子，防止塑料薄膜被风刮起、刮破。塑料薄膜如有破损应及时修补。用土压严，确保不漏气。熏蒸时间确保20 d以上，秋季熏蒸的园区，可到翌年开春再揭膜。

(4)通气、施有机肥。定植前3～4周，去掉覆膜，再次旋耕定植沟，晾晒15 d，每亩定植带施充分腐熟的农家肥5～10 m³，准备定植。

(5)消毒过的土壤应进行种子萌发安全性测试。

棉隆成本，按照1 m×3.5 m株行距种植，1亩地物料投入约800元。

四、现代果园的规划设计

园址选定以后，要对整个果园进行规划和设计，主要包括道路系统、排灌系统、作业区、支架系统、防护林、建筑物等方面。一般作业区占90%，防护林占5%，道路占3%，排灌系统占1%，建筑物及其他占1%。

(一)道路规划

现代规模化果园道路的设计不仅要方便农资和果品的运输，还要便于机械作业。道路分主路和支路 2 种，主路要贯穿整个果园，宽 6～8 m，分 2～3 个车道，方便大型机械和运输车通行。坡度小于 10°的果园，主路可以设定在分水线上，顺坡直上；坡度大于 10°的地段，主路要盘旋缓上。支路是各个小区之间的分界线，宽 4～6 m。果树行间作为果园的小路，便于小型机械作业即可，宽 3～4 m。

(二)作业区的规划

小区划分要和果园道路系统、排灌系统、防护林建立以及授粉树的配置相适应。既要考虑田间操作与管理的方便，又要便于运输和机械化作业。平地果园小区面积以 50～100 亩为宜，山地果园小区面积为 20～50 亩即可，梯田、低洼盐碱地一个台面为一小区。平地果园小区以长方形为最适宜，长宽比为(2～5):1，小区的长边应与主风向垂直。山地果园小区根据地形随坡就势，小区的边缘可与道路、排水沟、防风林等相接。

(三)排灌系统规划设计

地下水位高、雨季可能发生涝灾的低洼地，地表径流大、易发生冲刷的山坡地，以及低洼盐碱地必须设计规划排水系统。

建园前要完成灌溉系统的设计和安装，保证栽植后及时灌溉。矮砧栽培和肥水一体化是目前结合最好的两个技术。现代规模化果园要安装水肥一体化系统，助压力系统(或自然落差)将可溶性肥料或液体肥料与灌溉水，通过管道和灌水器构成的滴灌系统，均匀、定时、定量、准确地输送给果树，满足果树生长过程中对水分及养分的需求。小管出流、涌泉灌溉、喷灌、滴灌等节水灌溉系统在建园时均可考虑。滴灌管道单向延伸 120 m 灌溉效果最佳，而机械化打药、采果等日常管理工作，以 400 m 最佳，因此，果行长度以 240～400 m 为宜。水源充分的地区，每亩年用水量为 50 m³。水源供水能力弱的果园，需建立蓄水池，攒水灌溉，一般蓄水池大小按照全区 2 次灌溉用水量设计(每亩单次 3～4 m³)。滴灌系统一般滴头间距 50 cm。

如果没有及时完成滴灌系统，也可以先采取应急措施，定植苗木，随后进行滴灌系统建设。滴灌系统根据用料不同价格不等，一般每亩 1 000～2 000 元。

(四)果园格架系统规划设计

一般矮化中间砧和矮化自根砧建园需要设立支架。支架系统可选择水泥桩、木头柱或镀锌钢管。支柱设立应当在苗木定植前完成。根据果园行株距及地形规划来确定立柱位置，每隔 8 m 设立 1 根立柱，立柱高度为 3.7～4 m。

按设计位置挖中杆坑、边杆坑和地埋坑，一般中杆坑深 50 cm 、直径 20～30 cm；边杆坑深 70 cm、直径 20～30 cm；地埋坑深 100 cm 、直径 40 cm。每行边杆两端安装地锚固定和拉直铁丝，两端的水泥柱向外倾斜 45° 左右，柱、线与地面角度最大不能超过 70°。

边杆和中杆设置 4～5 道铁丝，最低 1 道铁丝距地面 0.3 m，水肥一体化系统的毛管安装固定在这道铁丝上，每隔 0.5 m 均匀设置 1 道铁丝(图 4 - 11)。

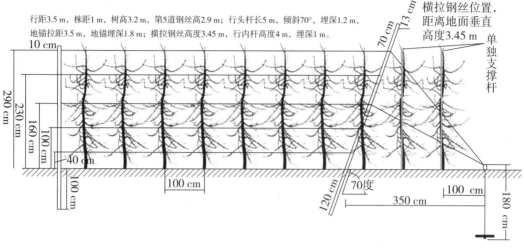

行距3.5 m，株距1 m，树高3.2 m，第5道钢丝高2.9 m；行头杆长5 m，倾斜70°，埋深1.2 m，地锚拉距3.5 m，地锚埋深1.8 m；横拉钢丝高度3.45 m，行内杆高度4 m，埋深1 m。

横拉钢丝位置，距离地面垂直高度3.45 m

单独支撑杆

图 4 - 11　矮化密植园格架系统建设示意图

(五)果园防护设施规划设计

设立防雹网是预防果园冰雹灾害最安全最实用的措施，防雹网的种类有金属网(铁丝)、化学材料网(尼龙网)。网眼边长以 1.2～1.5 cm 为宜。

常用的是化学材料白色菱形尼龙网，单丝强度大于 10 g/d，遮光率不大于 9%，防雹网在灾害季节使用寿命要在 5 年以上。菱形网长度为网架长度的 120%，长方形或正方形网长度为网架长度的 105%，尽量避免缝合。必须顺行铺网，两边同时在主丝或副丝上缝合，网面要平整。

现代果园通过调整网格大小将防鸟设施和防雹设施一体化设计，同时在主干部位设计防护设施，以防止兔子和老鼠啃食主干。

(六)防护林系统规划设计

北方苹果园要合理营造防护林。防护林可栽植于果园四周、沟谷两边或分水岭上，最好在建园前 2～3 年或与果园同时营建。

防护林一般包括主林带和副林带。主林带应与当地主风向垂直，主林带间距 300～400 m，植树 5～8 行。副林带与主林带垂直，间距 300～800 m，植树 2～3 行。

防护林应选择适应当地风土条件、生长速度快、寿命长、与果树无相同病虫害、经济价值高(建筑材料、编制材料、蜜源植物)的树种。乔木行株距为(1.5～2.5)m×1 m，灌木行株距为(1～1.5)m×0.5 m。也可以根据当地主要风的来向，在迎风面与果园边上，每隔 1.5～2 m 栽 1 根高 3.5 m 左右的木桩，栽植深度 0.5 m 以上，用于设立风障。

(七)辅助建筑设施

现代化的苹果园需要配备各种辅助建筑设施,如办公室、农机具房、选果场、药池等。药池、选果场要建在小区内部交通便利处,有条件的果园还应建立低温贮藏库或气调贮藏库,以便做到果品分期上市,提高经济效益。

(八)机械配套

机械化是现代农业的重要标志之一,大面积果园经过合理的种植规划可具备实现机械化的条件。果园机械主要有喷药设备、采收设备、割草设备、拖拉机、转运车,一般200亩配一套即可。以1 000亩果园为例,应该配置以下农用机械:拖拉机4辆,打药机3台,喷除草剂机2台,割草盘2个,工作平台4辆,三轮车2辆。

建园第一年要使用的设备有喷药、割草、除草及动力机械,采收设备和转运设备可在第二、三年购入。喷药设备药罐容量通常为500~2 000 L,根据种植规模选择适合的设备;割草使用割草盘或旋耕机,3.5 m行距,使用宽幅2~2.2 m的设备;如果需要牵引使用拖拉机,60HP以上能满足果园设备动力需求,如704拖拉机;采收设备需要升降平台和转运车,升降平台满足作业高度3.5 m,左右伸长至3~3.5 m宽幅即可,转运车使用电动三轮或农用三轮车等。对于农户小规模果园,可先配置小型风送弥雾机,农用三轮车或电动三轮车等。

五、学(预)习记录

熟悉高效栽培模式的选择、园地选择、建园前土地整理与土壤改良、现代果园的规划设计内容,填写表4-16。

表4-16 现代化苹果园建园方案规划的技术要点

序号	项目	技术要点
1	高效栽培模式的选择	
2	园地选择	
3	建园前土地整理与土壤改良	
4	现代果园的规划设计	

任务实施

一、实施准备

1. 根据教师提供的区域,查阅相关资料,了解区域的环境条件是否适合建园。

2. 根据教师提供的区域,学生先去了解区域的基本情况,并确定建园的区域,要对整个果园进行规划和设计(主要包括道路系统、排灌系统、作业区、支架系统、防护林、建筑物等方面)。

3. 准备好相关材料与工具(表 4-17)。

表 4-17 现代化苹果园建园方案规划的技术所需材料与工具

实训项目：现代化苹果园建园方案规划				
种类	名称	数量	用途	图片
材料	制图纸	1 张/组	绘图	
	设计图模板	1 份/组	参考	
工具	直尺	1 把/组	绘图借助工具	
	笔	8 支	画、写	
	橡皮	1 个/组	绘图	

二、实施过程

(一)小组分组

以 4 人/组为宜。

(二)实施流程

学生代表讲述设计思路及设计方案——学生点评——教师点评——分组实践。

(三)实践操作

各组按照自己设计方案，根据教师提出的修改意见，分组修改并绘出整体规划设计图。

(四)思考反馈

1. 简述陕西黄土高原苹果无支架密植高效"3332"栽培模式的具体内容。

2. 简述园地选择的原则。

3. 现代果园的规划设计主要包括哪几个方面？

小组名称		组长		组员				
指导教师		时间		地点				
评价内容					分值	自评	互评	教师评价
态度(20分)	遵纪守时，态度积极，团结协作				20			
技能操作 (60分)	苹果园建园方案规划是否合理				30			
	整体规划设计图是否符合要求				30			
创新能力(20分)	具有创新意识和创新思维，能发现新的问题 并提出创造性的解决方法				20			
各项得分								
总分								

知识链接

矮化密植苹果园格架系统的重要性及投资概算

任务二　苹果园种植规划

**引导案例**

　　我国西北黄土高原及北方一些地区具有生产优质苹果的自然生态优势，因此在规划苹果园种植时应依照"因地制宜"的原则，选择优良苹果品种、配置适合的授粉树和无病毒苗木进行种植，提高果品质量和产量，从而提高果农的经济效益。

任务目标

　　知识目标：了解目前生产中常用的苹果优良品种；掌握苗木选择的标准及要求。

能力目标：学会识别及选择不同优良苹果品种；能按标准选择砧木和苗木；学会采用不同方法进行授粉树的配置。

素质目标：培养发现、分析和解决问题的能力，激发创新思维；培养知农、爱农、服务"三农"的奉献精神和使命感。

📖知识储备

一、品种选择

优良品种作为一项物化技术，是苹果优质高效栽培的前提条件和重要措施。品种选择一旦出现失误，就会给生产带来很大损失。因此，应该综合考量，谨慎选择。

(一)生产中苹果品种存在的问题

品种相对单一，各地主要栽培品种集中在富士系、嘎拉系和元帅系，而其他品种比例较少，区域特色不明显；国内自育新品种不少，但大面积栽培的不多；品种结构不合理，晚熟过多、中晚熟偏少，造成果实早采现象严重；品系混杂。

(二)苹果品种发展的趋势

品种总体趋势是以富士为主向多元化发展，选育栽植在色泽、大小、风味、成熟期等方面不同的品种，以适应不同消费群体的需求；以优质为前提，酸甜适口、色泽艳丽、大小适中，果实香气浓郁，质地脆；减少晚熟富士的比例到50%以下；对现有富士系及其后代进行提纯和选优。

苹果品种选择策略：好吃、好看、好管、好卖。

苹果品种选择的原则：先试后推，选用脱毒壮苗适地适栽。

(三)优良苹果品种介绍

1. 早熟品种

(1)秦阳。西北农林科技大学从"皇家嘎拉"自然杂交实生苗中选育。果实近圆形，平均单果重99 g，果形端正；条红，色泽艳丽；果面光洁；果肉黄白色，肉质细脆，汁液多；风味甜，有香气，品质佳。7月中下旬成熟(图4-12)。

苹果品种和砧木

(2)鲁丽。山东省果树研究所由藤牧1号与嘎拉杂交选育。果实口感脆甜，无明显酸感，有香气，着色较好，高桩果形，果个一般。于7月底至8月上旬成熟(图4-13)。

(3)华硕。郑州果树研究所由"美国八号"与"华冠"杂交育成。果实近圆形，平均单果重242 g；果面着鲜红色，有光泽。8月上中旬成熟(图4-14)。

图 4 - 12　秦阳品种　　　　　　　　　图 4 - 13　鲁丽品种

图 4 - 14　华硕品种

2. 中熟品种

(1)丽嘎拉。从嘎拉中选出的着色优系。果实近圆形,平均单果重 90 g;果皮全面着浓红色,外观极美;果肉黄白、细脆、致密、多汁、酸甜适口,香气浓,品质优。8 月下旬至 9 月上旬成熟(图 4 - 15)。

图 4 - 15　丽嘎拉品种

(2)巴克艾嘎拉。从美国嘎拉中选育,为第三代嘎拉,深红色条纹,易着色,克服了传统嘎拉上色与成熟度之间的矛盾,在着色很好的同时,保持很好的硬度和货架期。果形短圆锥或圆形,口感清脆多汁,果径 65～85 mm,8 月中旬成熟(图 4 - 16)。

图 4 – 16　巴克艾嘎拉品种

(3)秦脆。西北农林科技大学由富士与蜜脆杂交选育。果个大，果形正；着色鲜艳，略显条纹，外观优良；多汁，脆甜带酸，硬度适中，品质优。9月下旬至10月上旬成熟（图 4 – 17）。

图 4 – 17　秦脆品种

3. 晚熟品种

(1)阿珍富士。新西兰选育，富士浓红型芽变，口感好、甜度高；高桩果形端正；果径 70~85 mm；易着色、偏红，在优生区可实现无袋栽培，10月上中旬成熟，耐贮藏（图 4 – 18）。

图 4 – 18　阿珍富士品种

(2)福布拉斯。欧洲富士主栽品种，意大利选育，富士浓红型枝变，深宝石红色，套袋后呈条纹红，糖度高于普通富士，果径 75~95 mm，易着色，树势中庸，丰产性好，10月中旬成熟，耐贮藏（图 4 – 19）。

图 4‑19　福布拉斯品种

(3)烟富 8。烟台现代果业研究所从烟富 3 芽变品种中选育。果形高桩，平均单果重157.5 g。果实上色速度快，色泽艳丽。果肉黄色，甜度高，品质优。10 月下旬成熟（图 4‑20）。

图 4‑20　烟富 8 品种

(4)烟富 10。蓬莱果农从烟富 3 芽变品种中选育。果形高桩，果个大，平均单果重200 g。果实上色快，片红、艳丽。果肉黄色，致密、细脆，多汁。10 月下旬果实成熟（图 4‑21）。

图 4‑21　烟富 10 品种

(5)瑞雪。西北农林科技大学由秦富 1 号和粉红女士杂交选育。黄色品种。果形端正高桩，果面光洁。肉质细脆，酸甜适口，风味浓郁，有独特香气，品质极佳。10 月下旬果实成熟（图 4‑22）。

图 4 - 22　瑞雪品种

(6)瑞香红。西北农林科技大学由富士和粉红女士亲本杂交选育。果形高桩，着色特别好，外观非常漂亮；风味浓郁，口感比富士好，无果锈；树势中庸，容易成花坐果；中型果个小，单果重 230～300 g，成熟期与富士接近。10 月中下旬成熟(图 4 - 23)。

图 4 - 23　瑞香红品种

(7)维纳斯黄金。日本引进的黄色品种。果形高桩，果肉脆甜，多汁，无酸味，有香气，品质优。10 月中旬后达到可食采摘期，11 月上旬采收，风味浓郁(图 4 - 24)。

图 4 - 24　维纳斯黄金品种

二、授粉树配置

苹果具有自花不实的特性，栽培单一品种时，往往华而不实，低产或无收。即使能够自花结实的品种，结实率也很低，不能达到商品生产的要求。因此，必须配置授粉品种。

授粉树的配置有两种方法：一种是采用不同苹果品种进行授粉。配置比例为1：8，或者两个主栽品种相互授粉，比例为1：1，苹果品种当中，大部分能相互授粉，也有一些品种之间不能相互授粉，具体如图4-25所示（灰色表示能相互授粉，白色表示不能相互授粉）。

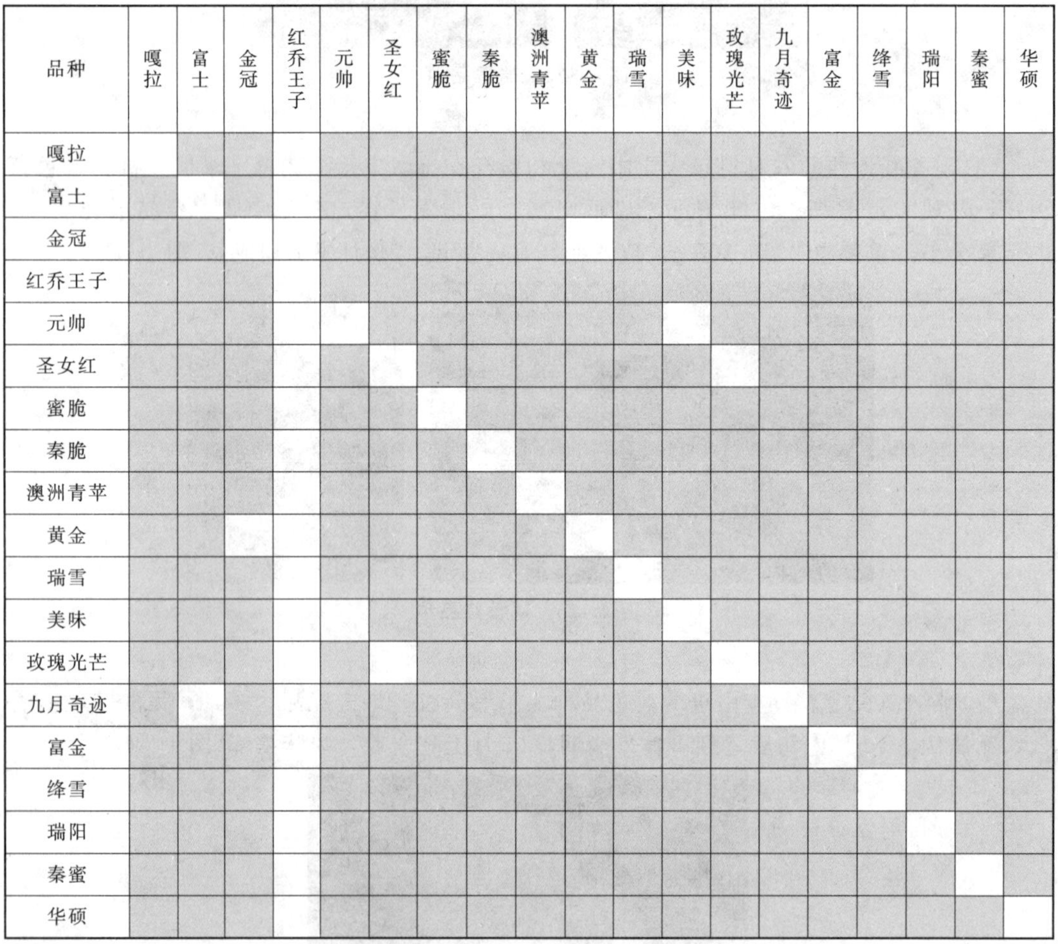

品种	嘎拉	富士	金冠	红乔王子	元帅	圣女红	蜜脆	秦脆	澳洲青苹	黄金	瑞雪	美味	玫瑰光芒	九月奇迹	富金	绛雪	瑞阳	秦蜜	华硕
嘎拉	□	■	■	■	■	■	■	■	■	■	■	■	■	□	■	■	■	■	■
富士	■	□	■	■	■	■	■	■	■	□	■	■	■	■	■	■	■	■	■
金冠	■	■	□	■	■	■	■	■	□	■	■	■	■	■	■	■	■	■	■
红乔王子	■	■	■	□	■	■	■	■	■	■	■	■	■	■	■	■	■	■	■
元帅	■	■	■	■	□	■	■	■	■	■	■	■	■	■	■	■	■	■	■
圣女红	■	■	■	■	■	□	■	■	■	■	■	■	■	■	■	■	■	■	■
蜜脆	■	■	■	■	■	■	□	■	■	■	■	■	■	■	■	■	■	■	■
秦脆	■	■	■	■	■	■	■	□	■	■	■	■	■	■	■	■	■	■	■
澳洲青苹	■	■	■	■	■	■	■	■	□	■	■	■	■	■	■	■	■	■	■
黄金	■	■	■	■	■	■	■	■	■	□	■	■	■	■	■	■	■	■	■
瑞雪	■	■	■	■	■	■	■	■	■	■	□	■	■	■	■	■	■	■	■
美味	■	■	■	■	■	■	■	■	■	■	■	□	■	■	■	■	■	■	■
玫瑰光芒	■	■	■	■	■	■	■	■	■	■	■	■	□	■	■	■	■	■	■
九月奇迹	■	■	■	■	■	■	■	■	■	■	■	■	■	□	■	■	■	■	■
富金	■	■	■	■	■	■	■	■	■	■	■	■	■	■	□	■	■	■	■
绛雪	■	■	■	■	■	■	■	■	■	■	■	■	■	■	■	□	■	■	■
瑞阳	■	■	■	■	■	■	■	■	■	■	■	■	■	■	■	■	□	■	■
秦蜜	■	■	■	■	■	■	■	■	■	■	■	■	■	■	■	■	■	□	■
华硕	■	■	■	■	■	■	■	■	■	■	■	■	■	■	■	■	■	■	□

图 4-25 苹果品种间授粉示意图

另外一种是采用专用授粉海棠进行授粉（图4-26）。配置比例为1：10。一般为每个水泥杆旁边定植一株，不占树位。常见的授粉海棠有斯普伦格教授海棠、珠穆朗玛海棠等，专用授粉海棠也必须是脱毒、自根砧，才能保证生长一致，不传播病毒。

图 4-26　专用授粉海棠

三、砧木介绍

(一)自根砧砧木介绍

常见的自根砧砧木有 M9-T337、MM 106、G935、B9 等。

(1)M9-T337。世界上苹果矮砧密植模式应用最广泛的砧木之一，由荷兰苗木检测服务中心(NAKB)从 M9 中选育出的无病毒矮化砧木优系。矮化性好(矮化效果 30％～35％)，须根多，易生根，易成花，栽植成活率高，早果性好，因此，管理简单，操作方便，劳动强度低，并且通风透光性强。对于富士系来说，是目前国内最好的砧木选择。

①M9-T337 砧木特点。

A. 矮化性好，生长量是乔化的 35％。生产实践表明，矮化效果达到乔化的 35％，是最理想的矮化效果，目前世界利用最多的砧木基本上都在这个区间，如：M9-T337、G11、G41、B9 等。结果和长树达到最佳平衡；

B. T337 砧木嫁接亲和性好，能与绝大多数品种嫁接；

C. 易无性繁殖，通过压条繁殖易生根，保证品种纯正、无病毒；

D. 苗圃性状好，苗木生长健壮，根系发达，侧枝均匀，可以实现分枝大苗建园；

E. M9-T337 大苗建园，成活率高，幼树成形快，早挂果、早丰产。

②M9-T337 种植中注意事项。

A. M9-T337 砧木固定性差，需要格架支撑；

B. 嫁接口比较脆，容易折断，注意保护；

C. 砧木露出地面部分易生长气生瘤，注意防失水，防感染。

(2)MM106。半矮化砧木，适应性、抗逆性强；耐瘠薄，抗轮纹病、抗苹果棉蚜；嫁接亲和力强、易成花；生长健壮，毛细根多，养分利用率高，对水肥条件要求不高，建园方面主要优势为抗干旱和不需要格架系统。

(3)G935。美国康奈尔大学在 1976 年通过杂交选育，矮化效果达到 35％～40％，介于 M9 和 M26 之间。G935 砧木嫁接品种后分枝角度更大，果树早熟、高产、高效、耐寒，抗火疫病，耐颈腐病和重茬，易感苹果棉蚜。

(4)B9。俄罗斯通过 M8×Red Standard 杂交选育出的矮化砧木，抗寒，能耐−40 ℃

的极端低温；嫁接亲和，树势类似于 M9；矮化效果为 $35\%\sim40\%$；早果性好；能适应大多数土壤(沙质土需额外灌溉)；树体需要支架支撑。

（二）实生砧介绍

(1)楸子。又名海棠果。主要有吴起楸子、富平楸子、莱芜茶果、烟台沙果等。根系深，须根发达，比较抗旱、耐涝、耐盐、嫁接苹果亲和力良好，树体较小，结果较早。

(2)西府海棠。主要有八棱海棠、莱芜难咽和益都晚林檎等。与苹果或矮化砧嫁接亲和力强，比较抗旱、耐盐。莱芜难咽嫁接苹果结果较好，有一定矮化作用。

(3)青砧 1 号。青岛农业科学院由"平邑甜茶"和"柱形苹果株系 CO"杂交选育。树体柱形，无融核生殖坐果率为 $97.0\%\sim98.1\%$，种子繁殖，实生苗整齐，可以直接作为基础砧嫁接嘎拉、富士等主栽品种，亲和力好，成苗率高。嫁接树抗重茬病能力强，成花早，产量高，果实品质优。

(4)青砧 2 号。青岛农业科学院育成，为平邑甜茶辐射诱变矮生突变体。半矮化砧木，无融核生殖坐果率为 95%，种子繁殖，实生苗整齐，根系粗壮，固地性好，可作为矮化基砧使用。嫁接嘎拉、烟富系列等苹果亲和性好，树势中庸，适应性强。

四、黄土高原优生区的砧穗组合

砧木首选 M9‐T337，品种首选晚熟富士，如福布拉斯、阿珍、至尊富士。其他可选择品种，早熟的嘎拉，如巴克艾；中熟的秦脆、九月奇迹、美味；晚熟的瑞雪、黄金等。

抗旱 MM106 半矮化砧木，品种选择长势偏弱的如礼富、嘎拉、瑞雪、秦脆、美味、黄金。

B9 与秦脆组合，抗寒，同时克服苦痘病。

五、苗木选择

种苗是农业的芯片。苹果优质高效生产，应从优质种苗开始。现代苹果园建园应尽量选择无病毒自根砧分枝大苗。

无病毒自根砧分枝大苗的特点：

(1)无病毒。果树病毒一旦感染，终生带毒，并且无药可救。因此，建园时应尽量选择无毒苗。无病毒苗木较普通苗木增产 $20\%\sim30\%$。

(2)易成形。M9‐T337、B9 等自根砧苗木，缓苗快、幼树期生长快，生长量甚至赶超乔化苗木，有利于树体迅速成形，果园迅速成园。通常，无病毒自根砧分枝大苗定植后第三年高度可达 $3.3\ m$，完成树形。

(3)易成花。自根砧苗木的根系系统利于成花。在同样长势情况下，自根砧果树更有利于成花。采用可尼圃自根砧分枝大苗定植，当年即可见果，第二年亩产可达 $1\ t$，第三年亩产可达 $2\ t$。

(4)原貌整齐。采用可尼圃自根砧分枝大苗建园，原貌整齐一致，可快速形成结果墙，方便果园管理，可大幅提高果园效益(图 4－27)。

可尼圃分枝大苗是苹果苗木当中"皇冠"，是现代苹果苗木技术的集大成者，是最好的一类苹果苗木。可尼圃是"knip"的音译，即短截的意思。可尼圃分枝大苗是指二年生苗木，采用在固定高度进行短截的方式生产的带有分枝的苗木。

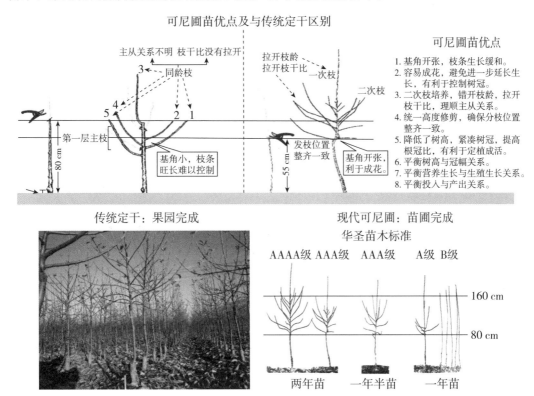

可尼圃苗优点及与传统定干区别

可尼圃苗优点
1. 基角开张，枝条生长缓和。
2. 容易成花，避免进一步延长生长，有利于控制树冠。
3. 二次枝培养，错开枝龄，拉开枝干比，理顺主从关系。
4. 统一高度修剪，确保分枝位置整齐一致。
5. 降低了树高，紧凑树冠，提高根冠比，有利于定植成活。
6. 平衡树高与冠幅关系。
7. 平衡营养生长与生殖生长关系。
8. 平衡投入与产出关系。

传统定干：果园完成   现代可尼圃：苗圃完成

华圣苗木标准

AAAA级 AAA级 AAA级   A级 B级

160 cm

80 cm

两年苗   一年半苗   一年苗

图 4－27 可尼圃自根砧分枝大苗建园

六、学(预)习记录

熟悉苹果园种植规划中品种的选择、砧木的识别、黄土高原优生区的砧穗组合、授粉树的配置及苗木的选择，填写表 4－18。

表 4－18 苹果园种植规划的技术要点

序号	项目	技术要点
1	品种的选择	
2	砧木的识别	
3	黄土高原优生区的砧穗组合	
4	授粉树的配置方法	
5	苗木的选择	

任务实施

一、实施准备

准备工具材料见表 4-19。

表 4-19　苹果园规划设计所用的工具、材料(可以按组填写)

实训项目:苹果园规划设计				
种类	名称	数量	用途	图片
材料	各种苹果苗木	按需而定		
	不同苹果品种	按需而定		
	不同苹果砧木	按需而定		
工具	放大镜	1 个/组	检查工具	
	笔	1 支/人	记录	
	记录本	1 本/组	记录	

二、实施过程

任务实施过程中,学生要合理安排时间,根据教师的要求,分工合作完成。

(一)小组分组

以 4~6 人/组为宜。

(二)实施流程

教师讲解——教师示范——学生代表操作——学生点评——教师点评——分组操作。

(三)实践操作

按照苹果园规划设计的要点进行分组操作。

(四)思考反馈

1.简述选择苹果优良品种的重要性。

2. 画图说明授粉树配置的方法。

3. 黄土高原优生区的砧穗组合有哪些？

4. 简述苗木选择的原则。

📖 任务评价

小组名称		组长		组员		
指导教师		时间		地点		
评价内容			分值	自评	互评	教师评价
态度（20分）	遵纪守时，态度积极，团结协作		20			
技能操作 （60分）	苹果品种选择是否合理		15			
	砧木识别是否正确		10			
	砧穗组合选择是否正确		15			
	苗木选择原则		15			
	授粉树配置是否合理		5			
创新能力（20分）	具有创新意识和创新思维，能发现新的问题 并提出创造性的解决办法		20			
各项得分						
总分						

参考文献

[1] 侯慧锋. 园艺植物病虫害防治[M]. 3版. 北京：高等教育出版社，2020.

[2] 程亚樵. 园艺植物病虫害防治[M]. 北京：中国农业出版社，2013.

[3] 李本鑫，李静. 园艺植物病虫害防治[M]. 北京：机械工业出版社，2014.

[4] 赵政阳. 中国果树科学与实践：苹果[M]. 西安：陕西科学技术出版社，2015.

[5] 徐继忠. 苹果园生产与经营致富一本通[M]. 北京：中国农业出版社，2018.

[6] 邱强. 原色苹果病虫图谱[M]. 3版. 北京：中国科学技术出版社，2000.

[7] 刘凤之，聂继云. 苹果无公害高效栽培[M]. 北京：金盾出版社，2004.

[8] 费显伟. 园艺植物病虫害防治[M]. 2版. 北京：高等教育出版社，2015.

[9] 李丙智，君广斌，郑振华. 苹果[M]. 西安：陕西出版传媒集团三秦出版社，2014.

[10] 赵政阳，王雷存，梁俊，等. 无公害苹果生产技术[M]. 西安：西北农林科技大学出版社，2005.

[11] 党云萍. 苹果无公害生产技术[M]. 西安：西北农林科技大学出版社，2012.

[12] 陈佰鸿. 现代苹果生产技术[M]. 兰州：甘肃科学技术出版社，2016.

[13] 李丽莉，于毅. 苹果高效生产及绿色防控技术[M]. 北京：中国农业出版社，2021.

郑重声明：病虫害防治内容及所有图片由李春霞老师整理提供，严禁他人抄袭盗用，违者必究。